华章 IT

HZBOOKS | Information Technology

U0226212

云计算与虚拟化技术丛书

Service Mesh in Action

Based on Linkerd and Kubernetes

Service Mesh实战

基于Linkerd和Kubernetes的微服务实践

杨章显 著

机械工业出版社

China Machine Press

图书在版编目（CIP）数据

Service Mesh 实战：基于 Linkerd 和 Kubernetes 的微服务实践 / 杨章显著 . —北京：机械工业出版社，2018.11（2019.7 重印）

（云计算与虚拟化技术丛书）

ISBN 978-7-111-61220-9

I.S… II.杨… III. 互联网络 – 网络服务器 IV. TP368.5

中国版本图书馆 CIP 数据核字（2018）第 246711 号

Service Mesh 实战
基于 Linkerd 和 Kubernetes 的微服务实践

出版发行：机械工业出版社（北京市西城区百万庄大街 22 号 邮政编码：100037）

责任编辑：张锡鹏　　　　　　　　　　　　责任校对：殷　虹

印　　刷：中国电影出版社印刷厂　　　　　版　　次：2019 年 7 月第 1 版第 2 次印刷

开　　本：186mm×240mm　1/16　　　　　印　　张：14

书　　号：ISBN 978-7-111-61220-9　　　　定　　价：69.00 元

凡购本书，如有缺页、倒页、脱页，由本社发行部调换

客服热线：（010）88379426　88361066　　　投稿热线：（010）88379604

购书热线：（010）68326294　88379649　68995259　　读者信箱：hzit@hzbook.com

版权所有·侵权必究

封底无防伪标均为盗版

本书法律顾问：北京大成律师事务所　韩光 / 邹晓东

为什么要写这本书

2016 年年初，位于旧金山的一家初创公司 Buoyant 开源了一款产品——Linkerd。对 IT 界来说，每天都会发生很多类似的事情，各种新技术、新产品日新月异、层出不穷，开源一款产品几乎是微不足道的事情。但就是 Buoyant 的 Linkerd，开启了一个新的时代 —— Service Mesh（服务网格）时代，成为微服务和云原生应用的引爆点，为微服务和云原生应用在企业的推广、应用和普及提供了更好的支撑点。

事实上，微服务架构已经被不少公司采纳，而云原生应用是在容器化技术和公有云平台的广泛发展下衍生出来的技术架构。但是，无论是微服务还是云原生应用架构，都面临一些不可避免的问题：如何提高应用系统的稳定性和可靠性；如何保证系统的可扩展性、容错及健壮性；如何增强系统的可见性、可管理性及安全性等。说到底，为什么 Linkerd 的出现会成为引爆点？主要是因为 Linkerd 引入的 Service Mesh 概念使得我们可以使用更加通用、灵活的方法解决上述问题。这也是随后多种 Service Mesh 产品的出现以及多家云服务提供商也支持 Service Mesh 的原因。Linkerd 作为 Service Mesh 的开山鼻祖，据其官网介绍，目前已经被全球多家公司采纳，运行在产线环境为客户提供各种服务。因此，很有必要学习和了解 Linkerd 的工作原理，以此解决工作环境中遇到的问题，以及借鉴其设计精华开发自己的 Service Mesh 产品。

幸运的是，在 2016 年年底，我所在的公司正好要将一些服务进行微服务化，尝试新的技术架构带来的好处和优势，因此在进行技术方案选型的时候 Linkerd 就成为我们的主要目标，并最终选择 Linkerd 作为我们微服务平台中非常重要的组件。使用 Linkerd 之后，实实在在地给我们带来不少好处和优势。

首先，使得我们的应用开发工程师可以专注于业务逻辑的实现，避免将精力分散到服务与服务间可靠通信的实现和其他额外工作上。

其次，Linkerd 使得我们的微服务运行时状态可见性更高。在此之前，如果需要获取服务运行时的状态信息，比如 P99 时延、请求处理成功率、失败率及当前连接数等，需应用本身暴露这些信息才行，否则，获取并不容易。

再次，Linkerd 为我们在不同环境进行测试提供了更加便利的方法，比如，通过其运行时动态切换流量的功能可实现不同环境间流量的切换。

最后，Linkerd 使得开发人员无须担心多语言支持的问题。

当然，Linkerd 还带来了其他好处，在此就不一一赘述了。

作为一本纯技术的书籍，希望可以引导和帮助大家学习并在实际环境中使用 Linkerd 和其他 Service Mesh 产品，推广 Service Mesh 产品及技术不断向前发展，让 Service Mesh 能切实解决我们面临的问题。

读者对象

- ❏ 微服务和云原生开发人员
- ❏ Devops 工程师
- ❏ SRE 工程师
- ❏ 业务运维工程师

本书特色

作为业界早期的以 Linkerd 作为 Kubernetes 的 Service Mesh 工具的实战指南，本书将教你如何通过 Linkerd 在 Kubernetes 平台实现服务间可靠、安全、可控制地通信，增加服务的运行时可见性。

如何阅读本书

本书分为三大部分：

第一部分为基础篇，简单介绍 Service Mesh 产生的原因、Service Mesh 能解决现有架构中什么样的问题以及业界有哪些 Service Mesh 产品可供选择，最后介绍 Linkerd 目前的使用状况、提供哪些功能、如何安装和配置，以及如何使用 Linkerd 进行服务通信。

第二部分为中级篇，着重讲解如何配置 Linkerd 使其实现各种高级功能、阐述 Linkerd 的数据流工作机制，以及如何根据应用场景选择 Linkerd 支持的部署模式和通过控制平面 Namerd 管理多个 Linkerd 实例等。

第三部分为实战篇，在这一部分，我们用一章的篇幅讲述 Kubernetes 的基本知识和概念，以帮助一些不了解 Kuberentes 的读者对 Kubernetes 有简单的认识，有利于后续内容的学习；有 Kubernetes 相关基础的读者，可跳过此章内容。剩下的章节便是通过实例演示 Linkerd 的工作机制，以及带领大家开发自定义的 Linkerd 插件以满足特定应用的需求。

勘误和支持

由于作者的水平有限，编写时间仓促，书中难免会出现一些错误或者不准确的地方，恳请读者批评指正。书中的所有源码均可在 https://github.com/yangzhares/linkerd-in-action 处找到，如果遇到任何问题，可直接在 Github 页面提交问题，我将尽量在线上为你提供满意的解答。另外，如果你有更多问题或者意见，欢迎将你的意见发送至我的邮箱 yangzhangxian@gmail.com，期待能够得到你的真挚反馈。

致谢

感谢 Buoyant 公司开源 Linkerd 这款优秀的软件，让我有机会接触这么优秀的 Service Mesh 产品，还要感谢在我面临一些困惑时官方社区提供的详细答疑及解惑。

感谢我的同事陈松和杭滨，他们给我提供了很多宝贵的建议并帮我认真改稿。

感谢机械工业出版社华章公司编辑杨福川，在这将近一年的时间里始终支持我的写作，你的鼓励和帮助引导我顺利完成全部书稿。

最后感谢我的爸爸、妈妈及所有家人，感谢你们的默默支持，并时时刻刻为我灌输着信心和力量。特别是我的妻子，在这一年每天带娃做家务，辛苦了，谢谢你。还有我的宝贝女儿，谢谢你没有经常在我工作的时候来打扰我！

谨以此书献给热爱 Linkerd 和 Service Mesh 的朋友们！

杨章显

目　录 *Contents*

第一部分 *Part 1*

基　础　篇

Chapter 1 第1章

Service Mesh 简介

在正式介绍 Linkerd 之前，我们将通过一章的内容了解一下 Service Mesh 的基本概念：它是如何产生的？能帮助解决微服务架构中什么样的问题？业界已经提供哪些 Service Mesh 产品？基于本章的介绍，有助于读者理解后续章节内容。

1.1 微服务架构面临的一些挑战

近年来，微服务架构随着云计算技术的快速发展成为许多 IT 公司开发人员非常追捧和认可的一种架构设计，最主要的原因是微服务架构解决或避免了传统单体架构所面临的一些问题，例如下面这些。

❑ 单体应用代码库庞大，不易于理解和修改，尤其是对新人显得更加明显。

❑ 持续部署困难，由于单体应用各组件间依赖性强，只要其中任何一个组件发生更改，将重新部署整个应用，而频繁的部署将增加服务宕机的风险，因此频繁地进行部署几乎不可能。

❑ 扩展应用困难，单体应用只能从一个维度进行扩展，即很容易通过增加实例副本提供处理能力。另一方面，单体应用各个组件对资源的使用情况需求不同，一些是 CPU 密集型，另一些是内存密集型，但是不能独立地扩展单个组件。

❑ 阻碍快速开发，随着公司业务的发展，单体服务框架变得更加庞大，更多的部门将会参与系统的开发，但是各个部门又不能独立开发、维护相应的模块，即使其中一个部门完成相应的更新，仍然不能上线，因此需要花费更多时间在部门间协调和统一。还有，需要增加新的功能时，单体应用最初的设计限制开发人员灵活选择开发语言、工具等，导致新功能上线慢。

❑ 迫使开发人员长期专注于一种技术栈，由于单体应用本身设计的原因，后期引入新的技术栈需要遵循最开始的设计，因此存在非常大的局限性、挑战性，否则可能需要重写整个框架。

随着业务的发展，传统单体应用的问题越来越严重，解决和避免这些问题非常必要，而微服务架构正好可以很好地解决或避免部分问题，因此，开发人员也非常乐于拥抱微服务框架，逐渐将传统的单体应用拆分成几十或者几百，甚至更多的微服务，如图1-1所示。还有，云计算技术的快速发展比如容器技术使得开发和落地微服务更加便捷，也使得微服务框架成为业界非常热门的开发框架。

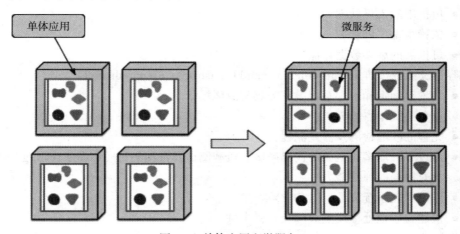

图 1-1　单体应用和微服务

我们暂且不管拆分过程的复杂性及长期性，而重点考虑拆分后由多个微服务构建的复杂系统，系统中各个微服务之间彼此通过网络进行通信，很好地解决了上述问题。但是，微服务是一枚万能银弹吗？拆分成微服务后就万事大吉了吗？很显然，这是不可能的。可以这么说，微服务架构一方面收之桑榆，另一方面又失之东隅，优点与缺点、得与失总是伴随而生。其中最大的挑战便是如何以标准化的方式管理微服务以及如何保证复杂网络环境中微服务间的可靠通信，确保整个系统的最大可用性，提供尽可能高的 SLA。其实业界已有很多关于如何在产线运行微服务的经验分享，各家可能大同小异，相差不会太大。下面我们看 Uber 公司以什么样的方式管理运行在产线上处理成千上万请求的微服务，关于 Uber 的微服务管理经验，Susan J. Fowler 在他的著作《Microservices in Production》中有详细的描述，我们将其总结为七点原则。

❑ 稳定性（Stability）：
  ● 稳定的部署周期
  ● 稳定的部署流程

- 稳定的引入和下架应用流程
❏ 可靠性（Reliability）：
- 部署过程可靠
- 尽可能规划、减缓及保护依赖关系的失败
- 可靠的服务路由和发现机制
❏ 扩展性（Scalability）：
- 尽可能地量化系统各种运行时的指标
- 确定系统资源瓶颈和需求
- 精心规划系统的容量计划
- 可扩展的流量处理
- 依赖组件扩展管理
- 可扩展的后端数据存储
❏ 容错及灾难预防（Fault Tolerance and Catastrophe Preparedness）：
- 清楚地确定和规划系统潜在灾难和故障场景
- 避免系统单点故障
- 完善的故障检测及修复流程
- 通过尽可能多、全面的代码测试、负载测试及混沌测试（Chaos Testing）确保服务具有极强的弹性能力
- 谨慎管理系统流量，以备故障发生
- 快速有效地处理线上故障及宕机事件
❏ 性能（Performance）：
- 针对可用性定义合适的 SLA
- 服务能快速有效地处理各种任务
- 充分利用系统资源
❏ 监控（Monitoring）：
- 快速准确地记录和跟踪系统运行状态
- 设计良好的仪表盘有助于理解系统运行状态及更加准确地反映服务的健康状态
- 配备有效的、完善的、可操作的运维手册处理各种线上报警
- 实施和维护可执行的 oncall 轮换机制
❏ 文档（Documentation）
- 维护完整、有效的文档系统，不断积累和更新知识库
- 根据人员、部门组织文档系统，易于查询及理解

从上面内容可知，在管理产线环境运行成百上千的微服务时，主要利用两种手段，其一是完善的、执行力高的流程，其二是技术手段。两者之中，可能某些方面完善的流程胜于技术手段，为系统服务的高可用性保驾护航，提供坚强的后台支持。关于流程建设，这

里不作介绍，因为每个公司对流程的制定千差万别，而技术可能更具有普适性，那么在通过技术手段确保微服务的高可用性时，又有哪些技术手段可以提高微服务的可用性呢？由于拆分后的单体应用变成成百上千的分布在不同计算节点，构成一个庞大的分布式系统，它们之间通过网络进行数据通信。说到实现分布式系统的高可用性时，不得不说 L Peter Deutsch 在 Sun Microsystems 工作时提出的关于分布式系统的谬误（https://en.wikipedia.org/wiki/Fallacies_of_distributed_computing）：

- 网络是可靠的
- 网络零延迟
- 网络带宽是无限的
- 网络是安全的
- 网络拓扑一成不变
- 系统只有一个管理员
- 传输代价为零
- 网络是同质的

因此，在构建分布式系统时，最好尽可能地避免这些对分布式系统的错误认识。虽然清楚地认识这些谬误对构建分布式系统非常重要，但是，诸多原因使得构建一个高可用、弹性的分布式系统仍然非常困难，比如：网络不可靠、不可避免的系统依赖组件失败、用户行为的不可预知等。当然，这并不意味着构建高可用、弹性的分布式系统是不可能的。事实上，业界多年的技术积累及经验总结，已经提出很多有助于提高系统可用性和弹性的通用型技术指南，那就是模式。可以说，模式在软件工程中无处不在。以下是一些在构建分布式软件或者普通软件时的常用模式。

- 超时（Timeout）：超时使得如果访问下游服务缓慢或失败时，上游服务应快速失败而不是无限或者长时间等待，以此避免级联故障，隔离故障范围。
- 重试（Retry）：重试有效地解决访问服务时发生的间隙性故障，有助于减少服务恢复时间。
- 熔断（Circuit Breaker）：熔断机制避免将请求继续发送给已经失败或者不健康的下游服务处理，而是等待它们恢复，避免级联故障。
- 健壮性测试（Resiliency Testing）：健壮性测试通过人为的方式向系统注入各种可能的故障，模拟网络故障、延迟、依赖组件故障等，以此提前获得一些未知错误并制定相应的处理方案。
- 限速节流（Rate-limiting and Throttling）：限速节流限定服务在固定的时间内只处理一定数量的请求，确保系统有足够的能力优雅地处理其他请求，可避免峰值流量导致系统崩溃，与第三方系统集成时可以提供安全保障。

除此以外，还有许多技术可帮助实现分布式系统的高可用性，例如：

- 动态服务发现

　　❑ 负载均衡
　　❑ 运行时动态路由
　　❑ 安全通信
　　❑ 运行时指标及分布式追踪

　　最后，强烈推荐大家阅读 Susan J. Fowler 的著作《Microservices in Production》，其中详细介绍如何在产线运行微服务。

　　接下来我们来看实现分布式系统的高可用性技术实现是如何演进的。

1.2　技术架构演进

　　当单体应用拆分为微服务后，新的通信模型如图 1-2 所示。

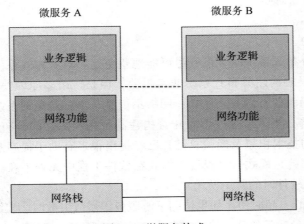

图 1-2　微服务构成

　　如图 1-2 所示，每个微服务由 2 部分构成。

　　❑ 业务逻辑：定义如何处理应用业务逻辑。

　　❑ 网络功能：网络功能部分主要负责服务间的通信，包括上述列出的构建分布式高可用的技术实现，如超时、重试、服务发现、负载均衡等，由于它基于下层网络协议栈实现，因此被称作网络功能。

　　相对于传统的单体应用，网络功能部分可以通过一个中心化的组件来统一实现或者直接嵌入到业务逻辑中，但是在微服务架构中，服务的粒度变得更小，为了实现它们之间的可靠通信，开发人员为每个微服务实现网络功能比实现业务逻辑花费的时间和精力可能更多。最初，开发人员把上述的一些技术手段如负载均衡、服务发现或熔断等跟业务逻辑代码一起封装起来，使得应用具有处理网络弹性的能力。

　　图 1-3 中的这种方案非常简单，易于实现，但从软件设计的角度，大家很快发现它有

以下缺点。

❑ 耦合性很高，每个应用都需封装负载均衡、服务发现、安全通信以及分布式追踪等
  功能。
❑ 灵活性差，复用率低下，不同的应用需要重复实现。
❑ 管理复杂，当其中一项如负载均衡逻辑发生变化，需要更新所有服务。
❑ 可运维性低，所有组件均封装在业务逻辑代码中，不能作为一个独立运维对象。
❑ 对开发人员能力要求很高。

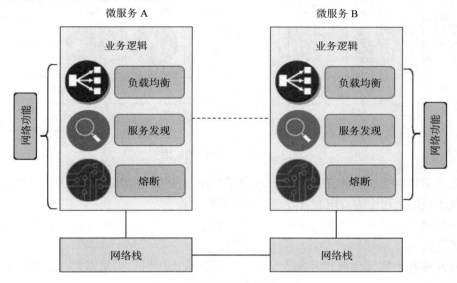

图1-3 传统架构

关于上述方案，应用已具有处理网络弹性能力，及动态运行环境中处理服务发现、负载均衡等能力，向提供高可用、高稳定性、高 SLA 应用更进一步，与此同时，你也看到这种模式具有很多缺点。为此，我们是否可以考虑将应用处理服务发现、负载均衡、分布式追踪、安全通信等设计为一个公用库呢？这样使得应用与这些功能具有更低的耦合性，而且更加灵活、提高利用率及运维性，更主要的是开发人员只需要关注公用库，而不是自己实现，更多地关注业务逻辑，从而降低开发人员的负担。这方面很多公司如 Twitter、Facebook 等走在业界前列，像 Twitter 提供的可扩展 RPC 库 Finagle、Facebook 的 C++ HTTP 框架 Proxygen、Netflix 的各种开发套件，还有如分布式追踪系统 Zipkin，这些库和开发套件的出现大量减少重复实现的工作。对于这种模式如图 1-4 所示。

虽然相对前一种解决方案，新的方案在耦合性、灵活性、利用率等方面有很大的提升，但是仍然有些不足之处。

❑ 如果将类似 Finagle、Proxygen 或者 Zipkin 的库集成现有的系统中，仍然需要花费大
  量的时间、人力将其集成到现有生态圈，甚至需要调整现有应用的代码。

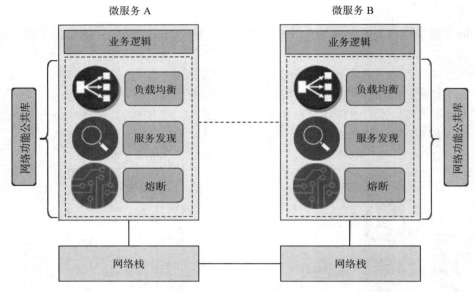

图 1-4 基于公共库的架构

❑ 缺乏多语言支持，由于这些库只针对某种语言或者少数几种语言，这使得在一个多技术栈的公司中需要限制开发语言和工具的选择。

❑ 虽然公共库作为一个独立的整体，但在管理复杂性和运维性这些方面仍然有更大的提升空间。

❑ 公共库并不能完全使得开发人员只关注业务代码逻辑，仍然需要对公共库有很深的认识。

显然，没有任何方案能一劳永逸地解决所有的问题，而各种问题驱使技术人员不断地向前演进、发展，探索新的解决方法。那么，针对现在所面临的问题，我们有更好的解决方案吗？答案是肯定的。相信大家对 OSI 七层模型应该不陌生，OSI 定义了开放系统的层次结构、层次之间的相互关系以及各层所包括的可能的任务，上层并不需要对底层具体功能有详细的了解，只需按照定义的准则协调工作即可。因此，我们也可参照 OSI 七层模型将公用库设计为位于网络栈和应用业务逻辑之间的独立层，即透明网络代理，新的独立层完全从业务逻辑中抽离，作为独立的运行单元，与业务不再直接紧密关联。通过在独立层的透明网络代理上实现负载均衡、服务发现、熔断、运行时动态路由等功能，该透明代理在业界有一个非常新颖时髦的名字：Service Mesh。率先使用这个 Buzzword 的产品恐怕非Buoyant 的 Linkerd（https://linkerd.io/）莫属了，随后 Lyft 也发布了他们的 Service Mesh 实现 Envoy（https://github.com/envoyproxy/envoy），之后 Istio（https://istio.io/）也迎面赶上，成为 Service Mesh 领域非常热门的一个项目。新的模式如图 1-5 所示。

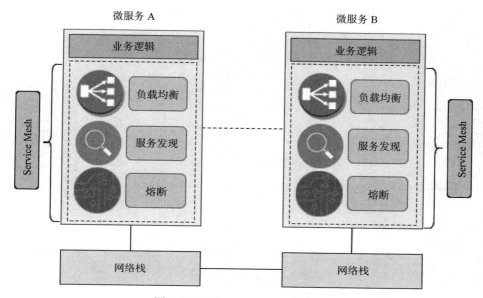

图 1-5　基于 Service Mesh 的架构

在这种方案中，Service Mesh 作为独立运行层，它很好地解决了上述所面临的挑战，使应用具备处理网络弹性逻辑和提供可靠交互请求的能力。它使得耦合性更低、灵活性更强，跟现有环境的集成时间和人力代价更小，也提供多语言支持、多协议支持，运维和管理成本更低。最主要的是开发人员只需关注业务代码逻辑，而不需要关注业务代码以外的其他功能，即 Service Mesh 对开发人员是透明的。

1.3　什么是 Service Mesh

说到 Service Mesh，我们不得不提到 Service Mesh 的发起人、先驱者，Buoyant 公司的 CEO William Morgan，他对 Service Mesh 的定义如下。

- ❏ 专用基础设施层：独立的运行单元。
- ❏ 包括数据平面和控制平面：数据平面负责交付应用请求，控制平面控制服务如何通信。
- ❏ 轻量级透明代理：实现形式为轻量级网络代理。
- ❏ 处理服务间通信：主要目的是实现复杂网络中服务间通信。
- ❏ 可靠地交付服务请求：提供网络弹性机制，确保可靠交付请求。
- ❏ 与服务部署一起，但服务感知不到：尽管跟应用部署在一起，但对应用是透明的。

图 1-6 更加清晰地告诉我们 Service Mesh 控制层和数据层在微服务架构中所处位置、服务间通信模式以及提供的各种功能。

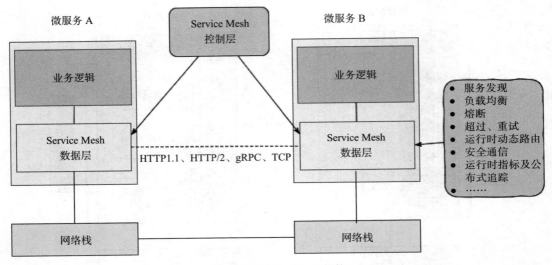

图 1-6　Service Mesh 架构

1.4　Service Mesh 的功能

Service Mesh 作为透明代理，它可以运行在任何基础设施环境，而且跟应用非常靠近，那么，Service Mesh 能做什么呢？

- ❑ 负载均衡：运行环境中微服务实例通常处于动态变化状态，而且经常可能出现个别实例不能正常提供服务、处理能力减弱、卡顿等现象。但由于所有请求对 Service Mesh 来说是可见的，因此可以通过提供高级负载均衡算法来实现更加智能、高效的流量分发，降低延时，提高可靠性。

- ❑ 服务发现：以微服务模式运行的应用变更非常频繁，应用实例的频繁增加或减少带来的问题就是如何精确地发现新增实例以及避免将请求发送给已不存在的实例变得更加复杂。Service Mesh 可以提供简单、统一、平台无关的多种服务发现机制，如基于 DNS、K/V 键值对存储的服务发现机制。

- ❑ 熔断：动态的环境中服务实例中断或者不健康导致服务中断可能会经常发生，这就要求应用或其他工具具有快速监测并从负载均衡池中移除不提供服务实例的能力，这种能力也称熔断，以此使得应用无需消耗更多不必要的资源不断地尝试，而是快速失败或者降级，甚至这样可避免一些潜在的关联性错误。而 Service Mesh 可以很容易实现基于请求和连接级别的熔断机制。

- ❑ 动态路由：随着服务提供商以提供高稳定性、高可用性以及高 SLA 服务为主要目标，为了实现所述目标，出现各种应用部署策略尽可能从技术手段达到无服务中断部署，以此避免变更导致服务的中断和稳定性降低，例如 Blue/Green 部署和 Canary 部署，但是实现这些高级部署策略通常非常困难。关于应用部署策略，可参考 Etienne Tremel（https://thenewstack.io/deployment-strategies/）的文章，他对各种部署策略做了详细的比较。而如果运维人员可以轻松地将应用流量从 staging 环境切换到产线环境，一个版本切换到另外一个版本，或者从一个数据中心到另外一个数据中心进行动态切换，甚至可以通过一个中心控制层控制多少比例的流量被切换。那么 Service Mesh 提供的动态路由机制和特定的部署策略如 Blue/Green 部署结合起来，实现上述目标将更加容易。

❏ 安全通信：无论何时，安全在整个公司、业务系统中都有着举足轻重的位置，也是非常难以实现和控制的部分。而微服务环境中，不同的服务实例间通信变得更加复杂，那么如何保证这些通信是在安全、有授权的情况下进行就非常重要。通过将安全机制如 TLS 加解密和授权实现在 Service Mesh 上，不仅可以避免在不同应用上的重复实现，而且很容易在整个基础设施层更新安全机制，甚至无需对应用做任何操作。

❏ 多语言支持：由于 Service Mesh 作为独立运行的透明代理，很容易支持多语言。

❏ 多协议支持：同多语言支持一样，实现多协议支持也非常容易。

❏ 指标和分布式追踪：Service Mesh 对整个基础设施层的可见性使得它不仅可以暴露单个服务的运行指标，而且可以暴露整个集群的运行指标。

❏ 重试和最后期限：Service Mesh 的重试功能避免将其嵌入到业务代码，同时最后期限使得应用允许一个请求的最长生命周期，而不是无休止的重试。

对这些功能，概括起来，即 Service Mesh 使得微服务具有下列性能。

❏ 可见性（visiblity）：运行时指标、分布式跟踪。

❏ 可管理性（manageablity）：服务发现、负载均衡、运行时动态路由。

❏ 健壮性（resilience）：超时重试、请求最后期限、熔断机制。

❏ 安全性（security）：服务间访问控制、TLS 加密通信。

1.5　业界 Service Mesh 产品

当前，业界主要有以下 Service Mesh 相关产品。

1.5.1　Linkerd

Linkerd 是 Buoyant 公司 2016 年率先开源的高性能网络代理程序，是业界的第一款 Service Mesh 产品，甚至可以说 Linkerd 的诞生即 Service Mesh 时代的开始，其引领后来 Service Mesh 的快速发展。其主要用于解决分布式环境中服务之间通信面临的一些问题，比如网络不可靠、不安全、延迟丢包等问题。Linkerd 使用 Scala 语言编写，运行于 JVM, 底层基于 Twitter 的 Finagle 库，并对其做相应的扩展。最主要的是 Linkerd 具有快速、轻量级、高性能等特点，每秒以最小的时延及负载处理万级请求，易于水平扩展，经过产线测试及验证，可运行任何平台的产线级 Service Mesh 工具。Linkerd 除了具有上述所阐述的 Service Mesh 的功能外，还具有下列功能。

- ❑ 支持多平台，可运行于多种平台，比如 Kubernetes、DC/OS、Docker 甚至虚拟机或者物理机。
- ❑ 无缝集成多种服务发现工具。
- ❑ 支持多协议，如 gRPC、HTTP/2、HTTP/1.x，甚至可通过 linkerd-tcp 支持 TCP 协议。
- ❑ 支持与第三方分布式追踪系统 Zipkin。
- ❑ 灵活性、扩展性高，可通过其提供的接口开发自定义插件。

根据上述关于 Service Mesh 的定义，Service Mesh 由数据平面和控制平面构成，事实上，Linkerd 本身是数据平面，负责将数据路由到目标服务，同时保证数据在分布式环境中传输是安全、可靠、快速的。另外，Linkerd 还包括控制平面组件 Namerd，通过控制平面 Namerd 实现中心化管理和存储路由规则、中心化管理服务发现配置、支持运行时动态路由以及暴露 Namerd API 管理接口。

除此之外，据不完全统计，超过 50 家公司在产线使用 Linkerd，应该是目前产线使用最多的 Service Mesh 产品。还有，Linkerd 是 CNCF 官方支持的项目之一。

1.5.2 Envoy

同 Linkerd 一样，Envoy 也是一款高性能的网络代理程序，于 2016 年 10 月份由 Lyft 公司开源，为云原生应用而设计，可作为边界入口，处理外部流量，当然，也作为内部服务间通信代理，实现服务间可靠通信。Envoy 的实现借鉴现有产线级代理及负载均衡器，如 Nginx、HAProxy、硬件负载均衡器及云负载均衡器的实践经验，同时基于 C++ 编写及 Lyft 公司产线实践证明，Envoy 性能非常优秀、稳定。Envoy 既可用作独立代理层运行，也可作为 Service Mesh 架构中数据平面层，因此通常 Envoy 跟服务运行在一起，将应用的网络功能抽象化，Envoy 提供通用网络功能，实现平台及语言无关。作为 Service Mesh 工具，Envoy 除了支持上述 Service Mesh 的功能外，还有下列功能。

- ❑ 大规模负载下，Envoy 保证 P99 延时非常低。
- ❑ 优先支持 HTTP/2 和 gRPC，同时支持 Websocket 和 TCP 代理。
- ❑ API 驱动的配置管理方式，支持动态管理、更新配置以及无连接和请求丢失的热重启功能。
- ❑ L3/L4 层过滤器形成 Envoy 核心的连接管理功能。
- ❑ 通过与多种指标收集工具及分布式追踪系统集成，实现运行时指标收集，分布式追踪，提供整个系统及服务的运行时可见性。
- ❑ 内存资源使用率低，sidecar 是 Envoy 最常用的部署模式。

目前，Envoy 已经在 Lyft 及其他公司如腾讯、Stripe、Twilio 等运行于产线，还有，Envoy 社区非常活跃，你可从社区及一些其他厂商，比如 Turbine Labs（https://www.turbinelabs.io/）获得商业支持。另外，Envoy 也被用于实现 API Gateway 如 Ambassador（https://www.getambassador.io/） 及 Kubernetes 的 Ingress Controller 如 Contour（https://github.com/heptio/contour）。当然，基于 Envoy 实现的另一款 Service Mesh 工具 Istio 可能更广为人知。而且 Envoy 也是 CNCF 官方支持的项目之一。

1.5.3　Istio

根据 Istio 的官方介绍，Istio 为一款开源的为微服务提供服务间连接、管理以及安全保障的平台软件，支持运行在 Kubernetes、Mesos 等容器管理工具，但不限于 Kubernetes、Mesos，其底层依赖于 Envoy。Istio 提供一种简单的方法实现服务间的负载均衡、服务间认证、监控等功能，而且无需应用层代码调整。其控制平面由 Mixer、Pilot 及 Citadel 组成，数据平面由 Envoy 实现，通常情况下，数据平面代理 Envoy 以 sidecar 模式部署，使得所有服务间的网络通信均由 Envoy 实现，而 Istio 的控制平面则负责服务间流量管理、安全通信策略等功能。由于其底层是 Envoy，Envoy 支持的各种功能以及 Service Mesh 要求的功能 Istio 均支持，除此之外还有以下功能。

❏ 完善的流量管理机制，如故障注入。
❏ 增强服务间安全保障，如服务身份认证，密钥管理和基于 RBAC 的访问控制策略。
❏ 支持多平台部署。

相对 Linkerd 和 Envoy，Istio 在 2017 年 5 月才发布，目前处于快速开发及迭代过程中，很多功能还不是很稳定。在本书定稿时，其最新版本是 0.8，但仍然不推荐运行于产线。不过 Istio 社区非常活跃，而且有 Google、IBM、Lyft 及其他公司如 RedHat 的大力支持及推广，相信后期无论是在产品本身性能、稳定性等还是社区生态圈的开发中都会发展得很好。

1.5.4　Conduit

Conduit（https://conduit.io/）于 2017 年 12 月发布，作为由 Buoyant 继 Linkerd 后赞助的另一个开源项目。 Conduit 旨在彻底简化用户在 Kubernetes 使用服务网格的复杂度，提高用户体验，而不是像 Linkerd 一样针对各种平台进行优化。Conduit 的主要目标是轻量级、高性能、安全并且非常容易理解和使用。 同 Linkerd 和 Istio，Conduit 也包含数据平面和控制平面，其中数据平面由 Rust 开发，使得 Conduit 使用极少的内存资源，而控制平面由 Go 开发。Conduit 依然支持 Service Mesh 要求的功能，而且还包括以下功能。

❏ 超级轻量级及极快的性能，亚毫秒级 P99 延迟。
❏ 专注于支持 Kubernetes 平台，提高运行在 Kubernetes 平台上服务的可靠性、可见性及安全性。
❏ 支持 gRPC、HTTP/2 和 HTTP/1.x 请求及所有 TCP 流量。

Conduit 以极简主义架构，以零配置理念为中心，旨在减少用户与 Conduit 的交互，实现开箱即用。作为 Buoyant 公司的第二款 Service Mesh 软件，其设计依据 Linkerd 在产线的实际使用经验而设计，其设计目标即专为解决用户管理产线环境运行的分布式应用程序所面临的挑战，并以最小复杂性作为设计基础。

Conduit 当前版本是 0.4.2，正处于不断开发的过程中，目前不建议在产线中使用。

1.5.5　Linkerd、Envoy、Istio 及 Conduit 比较

下面我们对上述各种 Service Mesh 产品进行简单的比较汇总，见表 1-1 所示，以便大家更加直观地了解各种产品所支持的功能，选择合适产品实现自己的需求。

表 1-1　Service Mesh 产品比较

功能	Linkerd	Envoy	Istio	Conduit
代理	Finagle+Jetty	Envoy	Envoy	Conduit
熔断	支持，基于连接的熔断器 Fast Fail 和基于请求的熔断器 Failure Accrual	支持，通过特定准则如最大连接数、最大请求数量、最大挂起请求数量或者最大重试数量设定	支持，通过特定准则如最大连接数和最大请求数量等设置	暂不支持
动态路由请求	支持，通过设置 Linkerd 的 dtab 规则实现不同版本服务请求的动态路由	支持，通过服务的版本或环境信息实现	支持，通过服务的版本或环境信息实现	暂不支持
流量分流	支持，以增量和受控的方式实现分流	支持，以增量和受控的方式实现分流	支持，以增量和受控的方式实现分流	暂不支持
服务发现	支持，支持多种服务发现机制，如基于文件的服务发现、Consul、Zookeeper、Kubernetes 等	支持，通过提供平台无关的服务发现接口实现与不同服务发现工具集成	支持，通过提供平台无关的服务发现接口实现与不同服务发现工具集成	只支持 Kubernetes
负载均衡	支持，提供多种负载均衡算法如：Power of Two Choices（P2C）：Least Loaded、Power of Two Choices：Peak EWMA、Aperture：Least Loaded、Heap：Least Loaded 以及 Round Robin	支持，提供多种负载均衡算法如 Round Robin、加权最小请求、哈希环、Maglev 等	支持，同 Envoy	支持，当前只有 HTTP 请求支持基于 P2C + least-loaded 的负载均衡算法
TLS 安全通信	支持	支持	支持	支持
访问控制	不支持	不支持	支持基于 RBAC 的访问控制	暂不支持
可见性	分布式追踪（Zipkin）；运行时指标（InfluxDB, Prometheus, statsd）	运行时指标（statsd）；分布式追踪（Zipkin）	运行时指标（Prometheus, statsd)；监控（New Relic, Stackdriver）；分布式追踪（Zipkin）	运行时指标（Prometheus）
部署模式	sidecar 或者 per-host 模式	sidecar 模式	sidecar 模式	sidecar 模式

（续）

功能	Linkerd	Envoy	Istio	Conduit
控制平面	Namerd	没有，但可通过 API 实现	Pilot、Mixer、Citadel	Conduit
协议支持	HTTP/1.x、HTTP/2、gRPC	HTTP/1.x、HTTP/2、gRPC、TCP	HTTP/1.x、HTTP/2、gRPC、TCP	HTTP/1.x、HTTP/2、gRPC、TCP
运行平台	平台无关	平台无关	最开始为 Kubernetes，平台无关是最终目标	只支持 Kubernetes
是否可运行于产线	可以	可以	不建议	不建议

1.5.6　我们需要 Service Mesh 吗

前面我们已经讲述了 Service Mesh 带来的各种好处，可以解决各种问题。作为下一代微服务的风口，Service Mesh 可以使得快速转向微服务或者云原生应用，以一种自然的机制扩展应用负载，解决分布式系统不可避免的部分失败，捕捉分布式系统动态变化，完全解耦于应用等。而 Buoyant 公司 CEO William Morgan 在文章《 What's a service mesh? And why do I need one? 》(https://blog.buoyant.io/2017/04/25/whats-a-service-mesh-and-why-do-i-need-one/) 中详细介绍了 Service Mesh 可以解决什么问题，以及为什么我们需要 Service Mesh。因此，我相信 Service Mesh 将在微服务或者云原生应用领域闯出一番天地。

1.6　总结

本章我们主要通过阐述单体应用的一些问题，从而引申出使用微服务架构解决单体应用所面临的问题。但是，微服务架构并不是万能银弹，并不能解决所有问题。而引入微服务架构后又面临如何确保产线运行的微服务的高可用性、高稳定性以及微服务间的可靠通信问题，其中微服务间的通信问题是微服务架构中最具挑战性的技术问题。在解决服务间通信问题时，从最开始把微服务的网络功能与业务逻辑紧密构建成一体，到将网络功能抽象为公用库，以及到通过独立运行的 Service Mesh 作为解决服务间通信的主要手段。然后我们介绍了什么是 Service Mesh，Service 能做什么以及当前业界已有哪些 Service Mesh 的产品，最后我们对不同 Service Mesh 产品做了详细的比较，以帮助大家选择适合自己需求的 Service Mesh 产品。从下一章开始，我们将详细介绍目前业界在产线环境运行最多的 Service Mesh 产品——Linkerd。

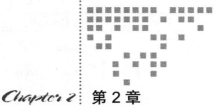

Chapter 2 第 2 章

Linkerd 入门

从本章开始，我们详细介绍 Linkerd。首先，学习 Linkerd 的基本概念、架构、主要功能及如何通过不同方法安装部署 Linkerd。其次，通过一个简单示例演示 Linkerd 如何代理服务请求。

2.1 Linkerd 是什么

Linkerd 是 Buoyant 公司 2016 年开源的高性能网络代理程序，其主要用于解决分布式环境中服务之间通信面临的一些问题，比如网络不可靠、不安全、延迟丢包等问题。Linkerd 具有快速、轻量级、高性能等特点，每秒以最小的时延及负载处理万级请求，易于水平扩展，经过产线测试及验证，可运行在任何平台的产线级 Service Mesh 工具，其官方定义如下。

> linker · d is a transparent proxy that adds service discovery, routing, failure handling, and visibility to modern software applications.
>
> 即：Linkerd 为面向现代软件应用的透明代理，提供服务发现、流量路由、错误处理及软件运行可见性等功能。

我们可总结如下。

❏ 首先，Linkerd 是 5 层透明高性能网络代理，支持 HTTP、HTTP/2、gRPC、Thrift 等协议。

❏ 其次，Linkerd 提供服务发现机制、运行时动态路由、错误处理机制以及应用运行时可视化。

❑ 最后，Linkerd 的主要面向对象是云原生应用，使应用具有弹性机制，可承受系统部分故障。

在本书写作时，Linkerd 已发布了 55 个版本，据不完全统计，大约 50 多家公司已经在产线环境中运行了 Linkerd，比如 Paypal、Monzon、Salesfore、NCBI、Cisco、豆瓣等，是为数不多的已经运行在产线的 Service Mesh 工具。

2.2 Linkerd 架构

Linkerd 是基于 Twitter 公司开源的高性能 RPC 系统 Finagle 构建而成，Finagle 为多种协议实现统一的客户端和服务端 API 接口，主要目的就是降低开发人员解决动态服务发现、服务负载均衡、错误处理等的复杂性，使开发人员集中关注业务逻辑，而不用太多关注服务发现、服务负载均衡、错误处理等分布式系统需要解决的问题。作为 Linkerd 的实现基石，Linkerd 几乎继承 Finagle 的设计框架和所有功能，因此通过学习 Finagle 的框架就能顺理成章地理解 Linkerd 的框架。根据 Finagle 官方文档（https://twitter.github.io/finagle/guide/index.html），Finagle 主要由服务器端和客户端模块构成，两者各司其职，具体如图 2-1 所示。

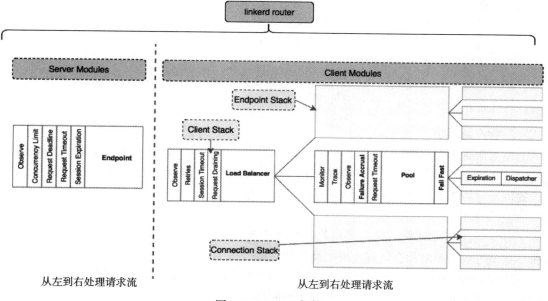

图 2-1　Linkerd 架构

图 2-1 左边是服务器端模块，右边是客户端模块，它们之间相互协调工作。

1. 服务器端模块

如图 2-1 所示，服务器端模块非常简单，其设计主旨就是能快速处理高并发请求，主要包括的功能模块：观测性模块、并发限制模块、请求最后期限模块、请求超时模块及会话终止模块。

❑ Observe 模块：用于帮助开发和运维人员追踪、监控系统运行时状态及指标，方便进行问题排查。

❑ 并发限制模块：控制服务器最大处理请求数量，当发送到服务器的请求数量超过预先设定的最大并发处理数量和队列可保存的最大请求数量之和时拒绝处理任何新的请求，默认处理无限数量请求，但可根据具体需求进行调整。

❑ 请求最后期限模块：该模块用于在某些情况下显式地拒绝请求，比如服务正在启动中，或者碰巧系统正在进行垃圾回收，选择拒绝请求而不是让服务器处理这些无用请求而使系统陷入超负荷状态是最佳选择，需注意的是该功能在当前版本 Linkerd 中还未实现。

❑ 请求超时模块：如果请求在指定时间内未被服务器处理，则将其标识为处理失败。由于该模块只是将请求标识为失败，所以并不会拒绝任何新收到的请求。默认情况下远端客户端不会重试这种标记为失败的请求，因为它不知道队列中请求是否已经超时或者即将被处理。默认服务器端和客户端都没有超时限制，可根据应用需求进行调整。

❑ 会话终止模块：服务器端通过该模块控制会话连接的生命周期，如果会话连接超过设定的最大生命周期时间和可允许最大置于空闲状态的时间，服务器端终止该会话连接以释放其所占资源。

对于这些模块，按照处理请求的先后顺序依次生效，图 2-1 中的可观测性模块首先生效，其次是并发限制模块，依次进行。

2. 客户端模块

相对服务器端模块，客户端模块实现非常复杂，由客户端栈、端点栈和连接栈构成，其设计主旨是最大化请求成功率及最小化延迟，流经客户端的请求经过上述三个栈，每个栈提供特定功能以确保最大化请求成功率及最小延迟目标得以实现。

（1）客户端栈

客户端栈是请求第一站，其负责解析请求名字和分发请求到后端应用实例，由观测模块、重试模块、超时和会话终止模块及负载均衡器模块构成。

❑ Observe 模块：类似服务器端 Observe 模块，主要用于帮助开发和运维人员追踪、监控系统运行时状态及指标，方便进行问题排查。

❑ 重试模块：其位于负载均衡器及其他模块上，可重试来自于下层模（如超时模块、负载均衡、熔断）标记为失败的请求，只有当 Finagle 确认足够安全时才重试，以此提高请求成功率。

❑ 超时模块：分会话层和请求层超时，会话层超时表示请求在指定的时间内未分配到可用服务或者会话，而请求则会因为服务超时异常被标记为失败。请求层超时表示请求在指定时间内允许处于未被处理状态，一旦超过指定时间，便触发客户端取消请求，对大多数协议，如果请求已经分发，只有通过终止会话连接才能实现取消请求，但 HTTP/2 和 Mux 无需终止会话连接便可实现。默认会话层和请求层超时均未指定超时限制。

❑ 负载均衡模块：其负责将应用请求动态分发到后端端点（应用实例），负载均衡算法通过有效时延反馈机制尽可能精确地将请求分发到高处理能力、低延时的应用实例，最大努力地保证高成功率。

（2）端点栈

当客户端栈选出最优节点实例（应用实例）时，应用请求流入第二站：端点栈，其提供熔断机制及连接池管理。端点栈仍然有观测模块；其次是熔断模块，该模块主要功能是根据后端实例反馈信息关闭不能处理请求的会话连接，而客户端栈的负载均衡器据此停止分发请求到该会话连接，以此尽可能减少将时间花费在明知会失败的连接上。Finagle 提供两种类型的熔断策略，一种基于会话层，另一种基于请求层。基于会话层的熔断策略在连接失败时将对应的应用实例标记为不可用状态，拒绝接收新的请求；基于请求层的熔断策略如果观测到连续指定数量的请求失败，则将后端应用实例标记不可用状态。无论是基于会话层还是请求层，当后端应用实例被标记为不可用状态时，负载均衡器都不会将新的请求分发到该应用实例；除此之外，端点栈还管理连接池，通过维护一定数量的连接以换取更小的服务访问延时。

（3）连接栈

连接栈的主要工作是管理连接生命周期并实现有线协议。

关于 Finagle 的服务器端和客户端模块所提供的各种功能，在 Linkerd 中则通过配置路由器（router）实现，后面章节我们将详解介绍如何配置路由器。

2.3　Linkerd 主要功能

如图 2-2 所示，Linkerd 提供如下主要功能。

❑ 基于感知时延的负载均衡

- Linkerd 工作于第 5 层，它能实时观测到所有 RPC 请求延时、队列里未处理请求的数量，因此可基于这些实时性能数据分发请求，相对于传统启发式负载均衡算法，如 LRU、TCP 活动情况等，这种分发机制性能更优，可尽可能降低时延，提高稳定性。

- 提供多种负载均衡算法，如 Power of Two Choices（P2C）：Least Loaded、Power of Two Choices：Peak EWMA、Aperture：Least Loaded、Heap：Least Loaded 以及 Round-Robin。

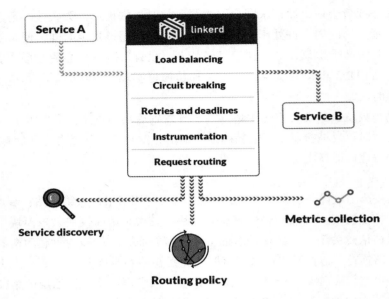

图 2-2　Linkerd 功能

❏ 运行时动态路由
- Linkerd 支持基于请求级路由，即在 HTTP 请求里嵌入特定包头，Linkerd 根据包头信息将请求路由到特定的应用实例。
- 另外支持动态修改路由规则实现运行时流量迁移、蓝绿部署、金丝雀部署、跨数据中心切换等。

❏ 熔断机制
- 快速失败（Fail Fast）：基于连接的熔断器，如果 Linkerd 观测到访问某个应用实例建立连接时发生错误，Linkerd 将该实例从维护的连接池移除，新的请求不会再被分发到该实例，与此同时，Linkerd 在后台不断尝试与移除的实例建立连接，一旦确认实例已经恢复，Linkerd 重新将其加入连接池。
- 失败累计（Failure Accrual）：基于请求的熔断器，如果 Linkerd 观测到访问某个应用实例时，指定数目请求连续失败，Linkerd 将该实例标注为不可用状态，不再接受新的请求尝试。同快速失败一样，在后台，Linkerd 基于设置的退避间隔（Backoff Interval）周期地发送请求以验证实例是否恢复，一旦恢复，便可接受新的请求。

❏ 插入式服务发现
- 支持各种服务发现机制，如基于文件（File-based）、DNS、KV 键值存储系统 Zookeeper 和 Consul、Kubernetes 及 Marathon 等，可以很方便地接入现有或者新的服务发现工具。

❑ 超时重试
- 支持基于 HTTP 响应分类器对某些失败的请求进行自动重试。
- 支持设置基于请求层的超时,一旦超时 Linkerd 客户端取消请求。
- 重试和超时是为了避免服务器端陷入超额负载状态。

❑ 透明 TLS 加密通信
- Linkerd 提供的透明 TLS 功能使得无需修改代码就可实现服务端到端的安全通信,以统一的方式管理整个基础设施层 TLS。

❑ 指标及分布式追踪
- 作为透明代理使得 Linkerd 第一时间知道从单个到整个集群应用实例的运行时指标,通过 InfluxDB、Prometheus 等收集这些运行时指标,提高整个系统服务状态可见性。
- 除此之外,可跟各种分布式追踪系统集成,如 Zipkin,动态追踪系统运行状态,无需对应用代码做任何修改。

❑ 支持多种协议多语言
- 支持 HTTP、HTTP/2、gRPC、Thrift 等协议。
- Linkerd 是语言无关的,任何环境,任何语言都支持。

2.4　安装 Linkerd

接下来开始介绍 Linkerd 的安装部署,本节将讲述两种常见的安装方式:传统安装方式和基于 Docker 的安装方式。为了统一演示环境,本节以及后续章节都依赖如下软件工具。

❑ Virtualbox 5.2.2:开源的虚拟机管理软件,支持各种主流操作系统。

❑ Vagrant 2.0.1:Hashicorp 公司基于 Ruby 开发的用于创建和部署虚拟开发环境,通常用 VirtualBox 作为虚拟机管理软件。

❑ CentOS 7.4:使用最多的 Linux 发行版之一。

❑ OpenJDK 8:Java 平台的开源化实现。

❑ Docker Engine 1.13.1:开源容器管理引擎,被业界广泛使用。

❑ 工具集:wget,telnet、tree、jq 和 net-tools。

2.4.1　环境准备

首先,准备 Linkerd 的运行环境及依赖软件。

1. 安装 Virtualbox

本书中 Virualbox 的安装是在 Mac 系统上进行的,如果你的工作系统是 Windows 或者 Linux,请到 Virtualbox 官方(https://www.virtualbox.org/wiki/Downloads)下载对应的安装

包，并根据安装指南（http://download.virtualbox.org/virtualbox/5.2.2/UserManual.pdf）进行安装，这里就不作详细介绍。

在 Mac 上安装 Virtualbox 相对简单，打开终端，然后执行下面的命令即可。

```
$ brew cask install virtualbox
```

如果没有任何错误，你会看到 virtualbox was successfully installed!，这就表示安装成功。

2. 安装 Vagrant

同 VirtualBox 一样，如果你的工作系统是 Windows 或者 Linux，请到 Vagrant 官方（https://www.vagrantup.com/downloads.html）下载对应的安装包进行安装。同样在 Mac 终端中执行下面的命令安装 Vagrant。

```
$ brew cask install vagrant
```

安装完成后，执行如下命令验证 Vagrant 的版本信息。

```
$ vagrant --version
Vagrant 2.0.1
```

3. 启动 CentOS 虚拟机

首先，需要准备 Vagrantfile，Vagrant 使用它启动一个由 VirtualBox 管理的 CentOS 虚拟机，Vagrantfile 内容如下：

```
# -*- mode;ruby -*-
# vi;set ft=ruby :

Vagrant.configure("2") do |config|
  config.vm.box = "centos/7"

  # Linkerd router on port 4140
  config.vm.network "forwarded_port", guest: 4140, host: 4140
  # Linkerd admin on port 9990
  config.vm.network "forwarded_port", guest: 9990, host: 9990
end
```

其定义虚拟机使用的操作系统类型及版本，同时还定义了端口映射信息，比如我们的环境中需要将 Linkerd 的管理口映射到宿主机以便从宿主机访问 Linkerd 管理界面。切换到 Vagrantfile 所在目录，然后执行如下命令启动虚拟机：

```
$ vagrant up
```

初次启动可能时间较长，因为需要下载 CentOS 的镜像文件。一旦虚拟机启动成功后，通过如下命令登入虚拟机：

```
$ vagrant ssh # 登入 CentOS 虚拟机
$ sudo su -   # 切换到 root 用户
```

```
# cat /etc/redhat-release # 验证 CentOS 版本信息
CentOS Linux release 7.4.1708 (Core)
```

4. 安装工具集

由于后续需要做一些验证或辅助工作，比如通过命令 netstat 查看服务端口监听状态、连接信息等，因此需要安装 net-tools，还有一些辅助工具如 tree、wget 和 jq，其中 jq 用于优雅地输出 json 格式的数据。现通过 yum 安装除 jq 之外的所有工具软件：

```
# yum install -y wget telnet tree net-tools
```

由于 jq 没有已编译的 RPM 包，故直接下载其二进制安装包进行安装：

```
# wget -qO /usr/local/bin/jq https://github.com/stedolan/jq/releases/download/
jq-1.5/jq-linux64
# chmod +x /usr/local/bin/jq
```

5. 安装 OpenJDK

由于 Linkerd 依赖 Java JDK 8 以上版本，为此必须安装 Oracle JDK 或者 OpenJDK，在我们的环境中统一安装 OpenJDK。现登入已准备好的虚拟机，直接通过 yum 安装，无需额外配置 yum 源。

```
# yum install -y java-1.8.0-openjdk
```

安装完成后通过如下命令验证是否成功：

```
# java -version
openjdk version "1.8.0_161"
OpenJDK Runtime Environment (build 1.8.0_161-b14)
OpenJDK 64-Bit Server VM (build 25.161-b14, mixed mode)
```

6. 安装 Docker Engine

当前 CentOS 7.4 官方支持的 Docker 版本是 1.13.1，因此默认安装该版本，如果需要安装更新版本的 Docker Engine，参考 Docker 官方安装指南（https://docs.docker.com/install/linux/docker-ce/centos/）进行安装。

```
# yum install -y docker-1.13.1
```

通过 docker version 可查看安装 Docker 的详细信息：

```
# docker version
Client:
  Version:          1.13.1
  API version:      1.26
  Package version:
Cannot connect to the Docker daemon at unix:///var/run/docker.sock. Is the
docker daemon running?
```

从输出信息可确定安装的 Docker Engine 版本是 1.13.1，但 Docker daemon 还未启动，使用如下命令启动 Docker daemon：

```
# systemctl enable docker   # 确保系统重启时 Docker 自动启动
Created symlink from /etc/systemd/system/multi-user.target.wants/docker.service
to /usr/lib/systemd/system/docker.service.
# systemctl start docker
```

2.4.2 传统安装方式

到此，所有 Linkerd 需要的运行环境及其依赖已准备好，我们可在 CentOS 虚拟机里安装 Linkerd，首先创建安装目录，比如 /root/install/local，然后下载最新版本的 Linkerd 安装包，本书写作时的 Linkerd 最新版本是 1.3.6。

```
# mkdir -p /root/linkerd/local
# cd /root/linkerd/local
# wget -q https://github.com/linkerd/linkerd/releases/download/1.3.6/linkerd-
1.3.6-exec
# chmod +x linkerd-1.3.6-exec
```

> 注意 本书所有关于 Linkerd 的配置及演示示例都是基于版本 1.3.6 的。

除此之外，还需在 /root/linkerd/local 目录下创建如下文件目录：

```
# mkdir config disco logs
```

❏ config 目录：存放 Linkerd 配置文件于该目录。
❏ disco 目录：若采用基于文件方式进行服务发现时，服务相关配置信息存于该目录。
❏ logs 目录：存放 Linkerd 运行时日志和访问应用产生的访问日志。

为了能正常启动 Linkerd 进程，首先我们需要为其创建配置文件，其配置文件采用 YAML 或 JSON 格式，现假设配置文件为 linkerd.yml：

```
# touch config/linkerd.yml
```

其内容配置为：

```
admin:
  port: 9990
  # 默认 admin 使用 loopback 地址，修改成 0.0.0.0 是为了能从宿主机访问 Linkerd 管理页面
  ip: 0.0.0.0

usage:
  enabled: false

namers:
```

```
  - kind: io.l5d.fs
    rootDir: disco

routers:
- protocol: http
  dtab: |
    /svc => /#/io.l5d.fs;
  httpAccessLog: logs/access.log
  label: demo
  servers:
  - port: 4140
    ip: 0.0.0.0
```

配置文件主要配置如下模块。

❑ admin 模块：设置 Linkerd 管理接口，默认监听 loopback 地址的 9990 端口，示例中
我们将其配置为 0.0.0.0。

❑ namers 模块：设置如何通过服务发现工具进行服务发现，这里配置为基于文件的服
务发现，服务相关信息存储在 disco 目录的文件中，文件以服务名字命名，若服务名
为 consul，则文件名为 consul，内容为一系列主机名字 /IP 地址及空格分隔的端口配
置对构成，比如 127.0.0.1 8500。

❑ routers 模块：设置服务通信协议，默认为 http ；dtab 路由规则，其根据请求信息如
请求主机头从 namers 指定的服务发现工具中找到需要访问的服务实例，示例中配
置为从 namers 模块配置指定的文件目录读取服务信息；日志写入路径，默认 logs
目录下的 access.log 文件；配置 router 服务器的监听地址和端口，默认为 0.0.0.0 的
4140 端口；其他配置如 router 的标签设置为 demo。需注意的是该模块中还有一个
很重要的参数——identifer 被省略，identifer 的主要作用是将应用请求转化为逻辑名
字，Linkerd 通过逻辑名字以及一系列的转换获取对应的 IP 地址和端口信息，默认
identifer 为 io.l5d.header.token，即根据 HTTP 请求头部信息提取逻辑名字，默认提
取 Host 头部信息。

然后通过 linkerd.yml 启动 Linkerd 进程。

```
# ./linkerd-1.3.6-exec config/linkerd.yml
    OpenJDK 64-Bit Server VM warning: If the number of processors is expected to
increase from one, then you should configure the number of parallel GC threads
appropriately using -XX:ParallelGCThreads=N
    -XX:+AggressiveOpts -XX:+CMSClassUnloadingEnabled -XX:CMSInitiatingOccu
pancyFraction=70 -XX:+CMSParallelRemarkEnabled -XX:+CMSScavengeBeforeRemark
-XX:InitialHeapSize=33554432 -XX:MaxHeapSize=1073741824 -XX:MaxNewSize=87244800
-XX:MaxTenuringThreshold=6 -XX:OldPLABSize=16 -XX:+PrintCommandLineFlags
-XX:+ScavengeBeforeFullGC -XX:-TieredCompilation -XX:+UseCMSInitiatingOccupancyOn
ly -XX:+UseCompressedClassPointers -XX:+UseCompressedOops -XX:+UseConcMarkSweepGC
-XX:+UseParNewGC -XX:+UseStringDeduplication
    Mar 07, 2018 3:39:18 PM com.twitter.finagle.http.HttpMuxer$ $anonfun$new$1
    INFO: HttpMuxer[/admin/metrics.json] = com.twitter.finagle.stats.
```

```
MetricsExporter(<function1>)
    Mar 07, 2018 3:39:18 PM com.twitter.finagle.http.HttpMuxer$ $anonfun$new$1
    INFO: HttpMuxer[/admin/per_host_metrics.json] = com.twitter.finagle.stats.HostMe
tricsExporter(<function1>)
    I 0307 15:39:18.501 UTC THREAD1: linkerd 1.3.6 (rev=48a2a63d47fd0f6713c74ec03b85
88bbc067e1de) built at 20180302-131809
    I 0307 15:39:19.205 UTC THREAD1: Finagle version 7.1.0 (rev=37212517b530319f4ba0
8cc7473c8cd8c4b83479) built at 20170906-132024
    I 0607 15:39:21.355 UTC THREAD1: Tracer: com.twitter.finagle.zipkin.thrift.
ScribeZipkinTracer
    I 0307 15:39:21.663 UTC THREAD1: serving http admin on /0.0.0.0:9990
    I 0307 15:39:21.689 UTC THREAD1: serving demo on /0.0.0.0:4140
    I 0307 15:39:21.755 UTC THREAD1: initialized
```

从输出信息可知以下内容。

❏ Linkerd 的版本是 1.3.6。

❏ Finagle 的版本是 7.1.0。

❏ Linkerd admin 运行于 9990 端口，可通过 0.0.0.0:9990 进行访问。

❏ 名为 demo 的 router 运行于 4140 端口，通过 0.0.0.0:4140 访问。

现在访问 http://127.0.0.1:9990/admin/ping，如果返回 pong，则认为 Linkerd 已正常启动，否则需查看未启动原因。还有，在宿主机浏览器访问 http://127.0.0.1:9990 可进入 Linkerd 管理界面，如图 2-3 所示，从管理界面可以看到 Linkerd 运行时相关信息，如请求数量、成功率、失败率、router 名字、router 监听地址及端口等：

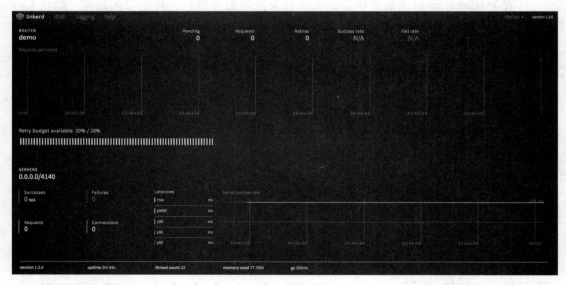

图 2-3　Linkerd 管理界面

除此之外，还可以从页面进行 dtab（delegation table）调测工作，如图 2-4 所示。

图 2-4　Linkerd dtab 调试界面

图 2-4 中显示的 dtab 来源 Linkerd 配置文件，后续章节会讲解 Linkerd 的 dtab 可存储于外部键值存储系统中，如 Consul、Zookeeper 等。

另外，还可在 Linkerd 管理界面调整日志打印级别。

2.4.3　基于 Docker 的安装方式

相对传统安装，使用 Docker 安装 Linkerd 更加方便，首先我们创建另一个目录 /root/linkerd/docker 存放相关配置文件：

```
mkdir -p /root/linkerd/docker
cd /root/linkerd/docker   # 进入 Docker 安装目录
cp -R /root/linkerd/local/{config,disco} .  # 复制传统安装的配置信息以便使用
```

在启动 Docker 容器之前需要对 config 目录下 linkerd.yml 的 namers 模块做调整使得 Linkerd 从 /disco 读取服务信息，实质上，/disco 目录的内容是从本地宿主机挂到容器内，调整后如下所示：

```
...
namers:
- kind;io.l5d.fs
  rootDir;/disco
...
```

此外，Linkerd 容器的网络模式为 host 模式，使用 host 网络模式以便从宿主机浏览器打开管理页面或者访问 Linkerd 代理的服务。

```
# docker run -d --name linkerd --network host -v pwd/disco:/disco -v 'pwd'/
config/linkerd.yml:/linkerd.yml buoyantio/linkerd:1.3.6 /linkerd.yml
```

为了避免端口冲突，在启动 Linkerd 容器之前需停止已启动的 Linkerd 进程。

若启动失败，查看 selinux 是否被禁用：

```
# getenforce
```

如果返回 Permissive，则已禁用，否则需手动禁用：

```
# setenforce 0
```

该禁用动作只是临时生效，如果需要长期生效，则修改 selinux 配置文件 /etc/selinux/config，将 SELINUX 设置为 SELINUX=permissive，然后重启系统。

Linkerd 容器启动成功后，类似传统安装，可通过 http://127.0.0.1:9990/admin/ping 验证 Linkerd 是否正常启动，也可以在宿主机浏览器通过 http://127.0.0.1:9990 打开 Linkerd 管理页面。

2.5 示例演示

完成 Linkerd 的部署，我们需要知道 Linkerd 如何将应用请求代理到真实应用实例中，接下来通过一个简单的 Python 示例程序演示 Linkerd 如何转发应用请求。

2.5.1 示例准备

现假设 Python 示例程序 web 有两个实例 web01 和 web02，相关信息存放在 /root/linkerd/docker 下 web 目录的子目录 web01 和 web02。

```
# mkdir -p /root/linkerd/docker/web/{web01,web02}
```

在目录 web01 和 web02 中存放 Python 应用程序 web 的 index.html 文件，并启动 web 应用：

```
# cd /root/linkerd/docker/web/web01
# echo "hello web01" > index.html
# python -m SimpleHTTPServer 8888    # web01
# cd /root/linkerd/docker/web/web02
# echo "hello web02" > index.html
# python -m SimpleHTTPServer 9999    # web02
```

现在可通过 curl 命令直接访问该 web 应用：

```
# curl -s localhost:8888
hello web01
# curl -s localhost:9999
hello web02
```

2.5.2 基于文件的服务发现

Linkerd 支持多种服务发现工具，比如基于文件、Consul、Kubernetes、Zookeeper 等，本节我们主要介绍基于文件的服务发现，后续章节将逐步涉及 Consul 以及 Kubernetes 的详细讲解。无论是基于文件的服务发现还是基于 Consul、Zookeeper 的服务发现都是在 Linkerd 的 namers 配置模块指定，比如 io.l5d.fs，即基于文件的服务发现，同时需要告知从哪个目录寻址服务地址信息，比如 /disco。基于文件的服务发现是最简单的服务发现工具，通常在特定目录下存放一系列文件，每个文件代表一种服务，而且每个文件又包含一条或多条记录，每条记录代表一个服务实例，由 IP 地址和服务端口组成，比如 127.0.0.1 8888，其中 IP 地址和端口用空格分隔，每条记录独占一行。而我们的环境中，Linkerd 容器的 /disco 目录实际是从宿主机 /root/linkerd/docker/disco 加载过去，因此对于 web 示例服务，我们在 /root/linkerd/docker/disco 下创建文件 web，并添加 2 条记录：

```
127.0.0.1 8888
127.0.0.1 9999
```

所配置用于服务发现的文件目录无论发生文件添加、删除或者内容更新变化，Linkerd 均能自动感知并加载最新内容，无需重启 Linkerd。

 基于 Java 的文件监视器使得基于文件的服务发现可导致 CPU 使用率很高，因此尽量避免在产线使用该种服务发现工具，而是采取其他工具如：Consul、Zookeeper 等。

2.5.3 示例演示

为了使得可以通过 Linkerd 转发应用请求到后端实例，需要指定目标服务，Linkerd 基于指定的目标服务名字寻址到对应的 IP 地址和端口信息。实际上，Linkerd 通过 identifer 可对以不同方式指定的目标服务进行寻址，对于当前示例，Linkerd 配置 io.l5d.header.token 为默认的 identifer，即根据 HTTP 请求头部信息提取逻辑名字，默认提取 Host 头部信息，即可使用服务名字 web 作为 HTTP 请求的 Host 头部进行寻址。除此之外，还得指定哪个 Linkerd 路由器将用于转发应用请求，因为一个 Linkerd 实例可以运行多个路由器，比如 demo 路由器。

 当使用基于文件的服务发现时，服务名字必须与用于服务发现文件目录下的文件名字一致，否则 Linkerd 找不到对应目标服务。

我们通过如下命令访问 web 服务：

```
# curl -s -H "Host;web" localhost:4140
hello web01
```

如果多次执行该命令，基于 Linkerd 提供的负载均衡方法会返回不同实例的输出：

```
# for i in {1..10}; do curl -s -H "Host;web" localhost:4140; done
hello web02
hello web02
hello web01
hello web02
hello web01
hello web02
hello web01
```

```
hello web01
hello web02
hello web01
```

同时在 Linkerd 管理界面，可观测到经 Linkerd 处理的请求数量、客户端如 /#/io.l5d.fs/web 以及成功率等信息如图 2-5 所示。

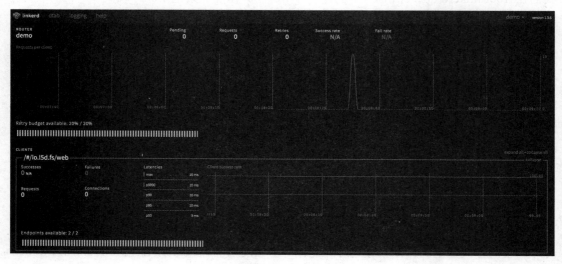

图 2-5　Linkerd 运行时指标

至此我们已演示 Linkerd 如何转发应用请求到后端应用，以及通过其内置提供的负载均衡算法进行请求转发，后续章节将做更加详细的介绍。

2.6　总结

本章主要介绍了什么是 Linkerd，Linkerd 的设计架构，Linkerd 能做什么，当前的发展状态以及实际产线环境中使用状况。除此之外介绍通过不同安装方式部署 Linkerd 以及 Linkerd 配置文件构成。最后通过一个简单的 Python 示例程序演示 Linkerd 如何转发应用请求到后端应用，以及使用其内置提供的负载均衡算法进行请求转发。

第二部分 *Part 2*

中 级 篇

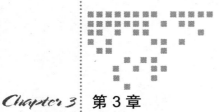

第 3 章

深入浅出 Linkerd 配置

完成第 2 章的学习之后，大家对 Linkerd 的基本功能、架构及如何安装 Linkerd 有一定的了解。而本章将通过配置 Linkerd 使其实现一个示例应用间的相互通信，然后依次深入介绍 Linkerd 的主要配置，帮助大家理解 Linkerd 的工作原理。

3.1 示例应用

在正式开始讲解 Linkerd 配置之前，首先介绍将贯穿后续所有章节的一个简单应用：演唱会预定应用，该应用主要用作讲解 Linkerd，它由三个微服务：UserService、BookingService 和 ConcertService 以及 MySQL 数据库构成。

❑ UserService 提供 REST API 接口
- GET /healthcheck 用作服务健康检测；
- POST /users 创建用户；
- GET /users 查询所有用户；
- GET /users/{user_id} 查询 ID 为 user_id 的用户；
- GET /users/{user_id}/bookings 查询用户 ID 为 user_id 的所有演唱会预订及演唱会详细信息，该过程 UserService 将调用 BookingService 查询用户的所有预定以及调用 ConcertService 查看预定对应演唱会的详细信息。

❑ BookingSerivce 提供 REST API 接口
- GET /healthcheck 用作服务健康检测；
- POST /bookings 预定演唱会，该操作将调用 ConcertService 验证所预定演唱会在后台存在与否；
- GET /bookings/{user_id} 查询用户 ID 为 user_id 预定的演唱会。

❑ ConcertService 提供 REST API 接口
- GET /healthcheck 用作服务健康检测；
- POST /concerts 创建演唱会信息；
- GET /concerts 查询所有演唱会信息；
- GET /concerts/{id} 查询 ID 为 id 的演唱会信息。

每个服务都提供 healthcheck 接口用于健康监测，并且相关信息如用户信息、预定信息及演唱会信息都会写入 MySQL 数据库。实际上，每个微服务都可以构建独立的数据库，示例中为了简单起见，三个服务共享一个数据库。

它们之间的通信流如图 3-1 所示。

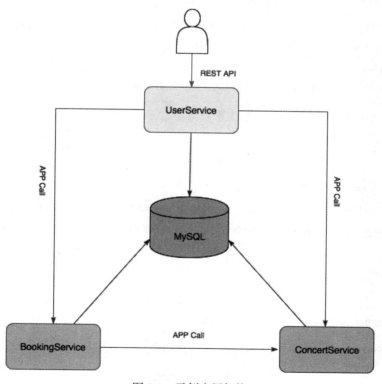

图 3-1 示例应用架构

📻 **注意** 关于演唱会预定应用及后续所有章节涉及的源码均可在 https://github.com/yangzhares/linkerd-in-action 中找到。

3.2 环境准备

对 Linkerd 本身来说，它是平台无关的，可运行于任何平台，其原生支持容器编排工具 Kubernetes 和 DC/OS，当然也可运行于其他编排工具如 HashiCorp Nomad，还可以直接运行于虚拟机或者物理机上。但本章并不想依赖某种编排方案来讲解 Linkerd 的配置，而是从一个通用、普遍的演示平台着手，这样更有利于大家对 Linkerd 的学习及理解，无需关注容器编排工具方面的知识及相关依赖。一旦对 Linkerd 有深入的理解和认识，然后再考虑特定的容器编排工具，比如 Kubernetes，后续我们有专门章节详细讨论如何使用 Linkerd 作为 Kubernetes 的 Service Mesh 工具。

为了讲解 Linkerd 配置，我们需要准备如下资源以构建演示环境。

❑ 三台虚拟机：基于 VirtualBox。

❑ Docker 引擎：部署于每台虚拟机。

❑ 示例应用：UserService、BookingService 和 ConcertService 以及 MySQL 数据库。

❑ Linkerd：以容器方式部署于每台虚拟机。

❑ 服务发现工具 Consul：以容器方式部署于每台虚拟机。

❑ 服务注册工具 Registrator：以容器方式部署于每台虚拟机。

> **注意** 本章所使用的脚本及其他配置信息均存放在示例源码 chapter3 目录下，启动虚拟机后被同步到 /vagrant 目录。

3.2.1 虚拟机及 Docker 引擎

同第 2 章，我们仍然使用 Vagrant 和 VirtualBox 管理虚拟机，为此，首先切换目录到 chapter3，根据如下 Vagrantfile 执行命令 vagrant up 启动三台虚拟机 linkerd01、linkerd02 和 linkerd03：

```
# -*- mode;ruby -*-
# vi;set ft=ruby :

LINKERD_COUNT = 3

Vagrant.configure("2") do |config|
  config.vm.box = "centos/7"

  (1..LINKERD_COUNT).each do |i|
    config.vm.define "linkerd0#{i}" do |subconfig|
      subconfig.vm.hostname = "linkerd0#{i}"
      subconfig.vm.network :private_network, ip: "192.168.1.#{i + 10}"
      # to access Linkerd admin dashboard from local
      subconfig.vm.network :forwarded_port, guest: 9990, host: "#{i + 9990}"
    end
  end
```

```
    config.vm.provision "provision", type: "shell", :path => "provision.sh"
  end
```

其中 provision.sh 脚本内容为:

```bash
#!/bin/bash

# install docker engine
yum install -y docker-1.13.1
systemctl enable docker
systemctl start docker

# disable selinux
setenforce 0
sed -i 's/^SELINUX=.*/SELINUX=permissive/g' /etc/selinux/config

# install tool sets
yum install -y wget telnet tree net-tools unzip
# install jq
wget -qO /usr/local/bin/jq https://github.com/stedolan/jq/releases/download/jq-1.5/jq-linux64
chmod +x /usr/local/bin/jq

# install dnsmasq
yum install -y dnsmasq
sed -i 's/\(^search\)/\1 service.consul/g' /etc/resolv.conf
sed -i '/^search/a nameserver 127.0.0.1' /etc/resolv.conf

# configure dnsmasq to cache consul dns query
cat << EOF > /etc/dnsmasq.d/consul
interface=*
addn-hosts=/etc/hosts
bogus-priv
server=/service.consul/127.0.0.1#8600
EOF

systemctl enable dnsmasq && systemctl start dnsmasq
```

如上所述,在启动虚拟机过程中执行 provision.sh 安装 Docker 引擎以及相关工具软件。

3.2.2 服务发现:Consul

1. Consul 简介

第 2 章我们谈到使用基于文件的服务发现方法,但是由于一些原因可能导致高 CPU 使用率,影响 Linkerd 的性能,因此不推荐在产线环境使用该方法。而本节我们将引入一个在产线被广泛使用的服务发现工具 Consul,Consul 同 Vagrant 一样也是 Hashicorp 公司旗下主要产品之一,集服务发现、服务健康监测、键值对数据库,支持跨数据中心服务发现的高可用分布式系统。

❏ Consul Agent

Consul Agent 是 Consul 集群中每个机器上长时间运行的守护进程，其运行模式可分为 server 模式或 client 模式运行，Consul Agent 只能以一种模式运行，要么 server 模式，要么 client 模式。

❏ Consul Client（client 模式）

Consul Client 接收请求方发起的请求并转发 RPC 请求到 Consul Server（server 模式），然后将 Consul Server 返回结果传递给请求方，此外，Consul Client 加入局域网（LAN）Gossip 池以提供成员关系管理、错误检测以及事件广播。

❏ Consul Server（server 模式）

Consul Server 维护整个 Consul 集群的运行状态，选择 leader，响应 Consul Client 的 RPC 请求，不同数据中心间万网（WAN）Gossip 信息交换以及跨数据中心请求转发。

❏ 数据中心

每个 Consul 集群对应一个逻辑或者物理的数据中心。

❏ Consul 架构（如图 3-2 所示）

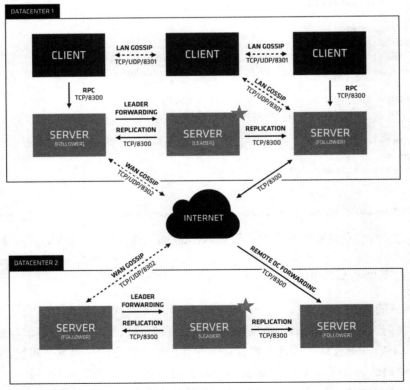

图 3-2　Consul 架构

由于本章重点介绍如何配置 Linkerd，所以如果你需要了解更多关于 Consul 的知识，可参考 Consul 官方文档（https://www.consul.io/docs/index.html）。

2. 基于 Docker 部署 Consul

根据上述内容，演示环境中只有三台虚拟机，为此我们约定在其中一台虚拟机部署 Consul Server，另外两台部署 Consul Client，为了方便后续讲解，我们约定 linkerd01 部署 Consul Server，linkerd02 和 linkerd03 部署 Consul Client，部署命令为：

```
# 部署 Consul Server 到 linkerd01
# BIND_ADDR=$(ip addr show|grep eth1|grep inet|awk '{print $2}'|cut -d'/' -f1);\
docker run -d \
--net=host \
--name server \
consul:1.0.5 agent -server -bootstrap -client=0.0.0.0 -bind=$BIND_ADDR
# 部署 Consul Client 到 linkerd02 和 linkerd03, 192.168.1.11 为 linkerd01 的地址, 也是
Consul Leader 地址
# BIND_ADDR=$(ip addr show|grep eth1|grep inet|awk '{print $2}'|cut -d'/' -f1);\
docker run -d \
--net=host \
--name client \
consul:1.0.5 agent -bind=$BIND_ADDR -join=192.168.1.11
```

完成部署后，可查看 Consul 集群信息：

```
# docker exec server consul members
Node         Address            Status  Type    Build  Protocol  DC   Segment
Linkerd01    192.168.1.11:8301  alive   server  1.0.5  2         dc1  <all>
Linkerd02    192.168.1.12:8301  alive   client  1.0.5  2         dc1  <default>
Linkerd03    192.168.1.13:8301  alive   client  1.0.5  2         dc1  <default>
```

默认 Consul 数据中心为 dc1，所有注册到 Consul 中服务 DNS 域为 service.consul，比如注册服务 booking 到 Consul，则其 DNS 记录为 booking.service.consul。

 注意 （1）演示环境中部署一台 Consul Server 以作演示之用，而实际产线环境中至少需要部署三台 Consul Server 以确保集群高可用。

（2）我们约定演示环境中 Consul 版本为 1.0.5。

3. 部署 Dnsmasq

另外，需要在每台机器部署 Dnsmasq，用作 Consul DNS 缓存，使得所有 Consul 服务域名的 DNS 请求转发到本地 Dnsmasq 加速 Consul 服务域名解析。具体安装命令及配置参考 provision.sh，并且在启动虚拟机时自动安装。

3.2.3　服务注册：Registrator

如果使用 Kubernetes 或者 Nomad 等编排工具时，服务注册由编排工具自动完成，无

需考虑。但是我们的演示环境中未使用编排工具，那么使用 Consul 进行服务发现时，首先要解决的问题是如何把服务自动注册到 Consul？为此，我们引入 Registrator（https://github.com/gliderlabs/registrator），它的主要工作是注册以 Docker 容器运行的服务到服务注册中心。为了使用 Registrator 注册容器中的服务到服务注册中心，需要在每台机器上部署 Registrator，还有需要指定服务注册中心，告知 Registrator 注册服务到何处。当 Docker 容器启动时，Registrator 通过检测 Docker 容器运行时信息，自动将运行在 Docker 容器中的服务注册到服务注册中心，反之，如果服务下线，它自动从服务注册中心注销服务。当前，Registrator 支持多种服务注册中心，如 Consul，Etcd 和 SkyDNS 2，而我们的演示环境中使用 Consul 作为服务注册中心。在启动需要注册到 Consul 的服务之前，每台机器都会部署一个 Registrator 实例，部署命令如：

```
# docker run -d \
    --name=registrator \
    --net=host \
    --volume=/var/run/docker.sock:/tmp/docker.sock \
    gliderlabs/registrator \
    consul://localhost:8500
```

其中我们指定服务注册中心 Consul 的地址为 localhost:8500。另外，如果需要将某个服务注册到 Consul 中，启动 Docker 相应容器时需额外配置一些参数，以告知 Registrator 如何注册，比如：必须显示地通过 -p 或者 -P 选项指定容器服务端口。更多关于如何使用 Registrator 的信息，参考官方文档（https://gliderlabs.com/registrator/latest/）中的详细介绍。

3.2.4　部署 Linkerd

通常来说，开发人员除了开发本身业务逻辑外，还需要实现如下一个或者多个特性以确保应用的高可用性。

❑ 可见性（visiblity）：运行时指标、分布式跟踪。

❑ 可管理性（manageablity）：服务发现、运行时动态路由。

❑ 健壮性（resilience）：超时重试、请求最后期限、熔断机制。

❑ 安全性（security）：服务间访问控制、TLS 加密通信。

像我们在第 1 章所述，如果从应用层完全实现这些特性，需要考虑多方面需求，如支持多协议、多语言等，所以这并不容易，而 Service Mesh 工具如 Linkerd 使得无需从应用层逐一实现这些特性，应用层只需关注业务逻辑，所有这些特性由 Service Mesh 工具实现，从应用层剥离出来以独立单元运行。针对提供的示例应用，我们可以在它们之间增加 Service Mesh 层，即 Linkerd，然后服务间通信由 Linkerd 实现，以此在无需更改服务代码的情况下实现上述特性。增加 Service Mesh 层后示例应用间的调用逻辑如图 3-3 所示，除了服务与数据库之间的通信，其他服务间通信均通过 Linkerd 实现。

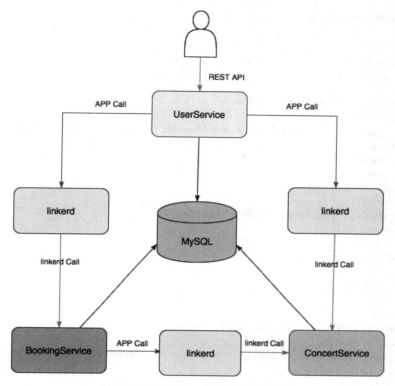

图 3-3　基于 Linkerd 的服务间通信流

　　后续章节将围绕 Linkerd 配置及相应架构设计等内容讲解，以此通过 Linkerd 实现服务间通信。然后我们需要在演示环境中每台机器上部署 Linkerd，它将服务所有运行在机器上的所有服务。首先，准备运行 Linkerd 需要的配置文件 linkerd.yml，实际上，示例环境中每台虚拟机的 /vagrant 目录已包括预先配置好的配置文件 linkerd.yml，通过该配置文件即可以 Docker 容器方式启动 Linkerd，当前只要保证 Linkerd 正常启动即可，对 linkerd.yml 的具体内容，后续会详细解释相应配置的具体含义，此时大家无需关注其具体含义。

　　Linkerd 配置信息如：

```
admin:
  port: 9990
  ip: 0.0.0.0

namers:
- kind: io.l5d.consul
  prefix: /io.l5d.consul
  host: 127.0.0.1
  port: 8500
  includeTag: false
  setHost: false
```

```
    useHealthCheck: true

routers:
- protocol: http
  label: outgoing
  dtab: |
    /consul => /#/io.l5d.consul/dc1;
    /host   => /consul;
    /svc    => /$/io.buoyant.http.subdomainOfPfx/service.consul/host;
  interpreter:
    kind: default
    transformers:
    - kind: io.l5d.port
      port: 4141
  httpAccessLog: /tmp/access_outgoing.log
  servers:
  - port: 4140
    ip: 0.0.0.0

- protocol: http
  label: incoming
  dtab: |
    /consul => /#/io.l5d.consul/dc1;
    /host   => /consul;
    /svc    => /$/io.buoyant.http.subdomainOfPfx/service.consul/host;
  interpreter:
    kind: default
    transformers:
    - kind: io.l5d.localhost
  servers:
  - port: 4141
    ip: 0.0.0.0

telemetry:
- kind: io.l5d.recentRequests
  sampleRate: 0.01

usage:
  enabled: false
```

然后在每台机器上执行如下命令启动 Linkerd 进程：

```
# docker run -d --name Linkerd --network host -v /vagrant/linkerd.yml:/linkerd.yml buoyantio/linkerd:1.3.6 /linkerd.yml
```

为了简单起见，Linkerd 容器以 host 网络模式运行。启动完成后执行 Linkerd 健康检测确保 Linkerd 正常启动：

```
# curl -s localhost:9990/admin/ping
pong
```

若返回 pong 表示 Linkerd 已正常启动。

3.2.5　部署示例服务

演示环境中我们将部署 UserService、BookingService、ConcertService 和 MySQL 数据库，Linkerd 作为它们之间的 Service Mesh 层，以此进行演示及讲解 Linkerd 配置。假定 UserService 和 MySQL 各 1 个实例，运行在 linkerd01，BookingService 和 ConcertService 各 1 实例，运行在 linkerd02 和 linkerd03，示例环境中我们通过脚本启动相应服务，所需脚本存放于每台虚机的 /vagrant 目录，每台虚机上需要启动哪些服务可参考下面表格所述。

❑ launchMysql.sh：启动 MySQL，需要首先启动，其他服务依赖 MySQL。

❑ launchUser.sh：启动 UserService。

❑ launchBooking.sh：启动 BookingService。

❑ launchConcert.sh：启动 ConcertService。

❑ initialize.sh：创建用户信息、演唱会信息以及预定演唱会，在其他服务成功启动后执行即可。

❑ provision.sh：无需直接执行该脚本，只用于启动虚拟机时安装相关依赖软件。

其中 initialize.sh 内容如：

```bash
#!/bin/bash

# 调用 user 服务 API 创建用户信息并返回
user_id=$(/bin/curl \
    -s \
    -X POST \
    -H "Host: user.service.consul" \
    -d '{"ID": "tom","Name": "Tom Gao","Age": 23}' \
    localhost:4140/users | jq -r '.id')

# 调用 concert 服务 API 创建演唱会信息并返回 concert ID 用作预定使用
concert_id=$(/bin/curl \
    -s \
    -X POST \
    -H "Host: concert.service.consul" \
    -d '{"concert_name": "The best of Andy Lau 2018","singer": "Andy Lau","start_date": "2018-03-27 20:30:00","end_date": "2018-04-07 23:00:00","location": "Shanghai", "street": "Jiangwan Stadium"}' \
    localhost:4140/concerts | jq -r '.id')

# 调用 booking 服务 API 预定演唱会
/bin/curl \
    -s \
    -X POST \
    -H "Host: booking.service.consul" \
    -d @<(cat <<EOF
```

```
{
    "user_id": "${user_id}",
    "date": "2018-04-02 20:30:00",
    "concert_id": "${concert_id}"
}
EOF
) \
    localhost:4140/bookings >/dev/null
```

> 📷 **注 意** 本章演示所使用示例服务 Docker 镜像版本号为 1.0

每个服务启动脚本定义启动服务所需的配置、启动命令以及如何将服务注册到 Registrator，比如脚本 launchUser.sh 中，由于 UserService 需要访问 BookingService 和 ConcertService，其配置信息为：

```
BOOKING_SERVICE_ADDR=booking.service.consul
CONCERT_SERVICE_ADDR=concert.service.consul
```

对每个不同的服务，更多具体配置信息可参考对应的启动脚本。

另外，需要注意的是服务启动脚本中启动服务容器时须注入环境变量 http_proxy=localhost:4140 使 Linkerd 作为 HTTP proxy，这样所有 HTTP 请求都将发送给 Linkerd，而不是直接发给真实目标服务实例，以此获取 Linkerd 提供的各种功能。

最后，表 3-1 描述在每台机器上将启动哪些服务以及相应数量信息。

表 3-1　示例应用资源

主机名	IP 地址	Consul 模式	Linkerd	Registrator	示例服务
linkerd 01	192.168.1.11	Server	Linkerd	Registrator	UserService 和 MySQL 各 1 个实例
linkerd 02	192.168.1.12	Client	Linkerd	Registrator	BookingService 和 ConcertService 各 1 实例
linkerd 03	192.168.1.13	Client	Linkerd	Registrator	BookingService 和 ConcertService 各 1 实例

现启动相应服务并初始化演示环境：

```
# bash launchMysql.sh
# bash launchUser.sh
# bash launchBooking.sh
# bash launchConcert.sh
# 初始化演示环境信息
# bash initialize.sh
```

完成服务启动后，可查询服务是否已注册到 Consul，通过 Consul API 即可实现：

```
# curl -s localhost:8500/v1/catalog/services | jq
{
    "booking": [],
    "concert": [],
```

```
    "consul": [],
    "mysql": [],
    "user": []
}
```

当然也可查看单个服务的注册信息，比如 user：

```
# curl -s localhost:8500/v1/catalog/service/user | jq
[
  {
    "ID": "980daa76-5bd2-7a57-4750-9d20520efa1d",
    "Node": "linkerd01",
    "Address": "192.168.1.11",
    "Datacenter": "dc1",
    "TaggedAddresses": {
      "lan": "192.168.1.11",
      "wan": "192.168.1.11"
    },
    "NodeMeta": {
      "consul-network-segment": ""
    },
    "ServiceID": "linkerd01:user-af729823bc:62000",
    "ServiceName": "user",
    "ServiceTags": [],
    "ServiceAddress": "",
    "ServicePort": 62000,
    "ServiceEnableTagOverride": false,
    "CreateIndex": 839,
    "ModifyIndex": 839
  }
]
```

返回结果告知服务所在 Consul 数据中心、IP 地址、端口等信息。

在完成 initialize.sh 之后，用户信息、演唱会信息以及预定演唱会都已写入到 MySQL，因此我们可以通过 API 获取相应信息，比如通过 UserService 服务的接口 GET /users/{user_id}/bookings 查询用户 tom 所预定演唱会及演唱会详细信息：

```
# curl -s http://192.168.1.11:62000/users/tom/bookings | jq
{
  "tom": [
    {
      "date": "2018-04-02 20:30:00",
      "concert_name": "The best of Andy Lau 2018",
      "singer": "Andy Lau",
      "location": "Shanghai"
    }
  ]
}
```

注
意 UserService 的端口 62000，启动服务时随机产生，不同环境可能不一样，但可从 Consul 中查询到。

当 UserService 通过 booking.service.consul 访问 BookingService 查询用户的所有预定以及通过 concert.service.consul 访问 ConcertService 查看预定对应演唱会的详细信息时，如前所述，我们在每个服务的容器中注入环境变量 http_proxy=localhost:4140，这使得 UserService 访问 BookingService 和 ConcertService 都将流量转发到 Linkerd，根据 Linkerd 的配置，然后 Linkerd 将流量转发到目标服务。因此执行上述查询时，它们之间的数据流如图 3-4 所示。

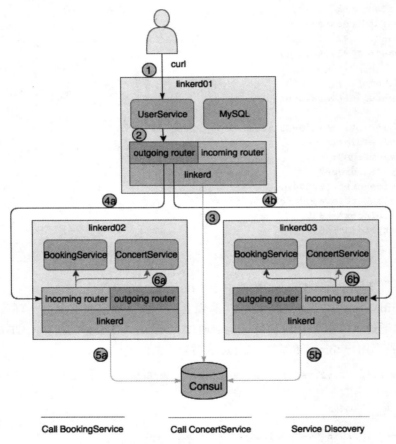

图 3-4 示例应用访问数据流

如图 3-4 所示，具体过程如下。

❑ 客户端向 UserService 发起请求；
❑ UserService 将访问 BookingService 请求发送给本机 Linkerd；

❑ Linkerd 通过配置的 namer 也就是 Consul 进行服务发现；

❑ 根据 Linkerd 的配置，把服务发现返回的地址经过 Linkerd 转换后，使用负载均衡算法把请求再次转发到目标 Linkerd；

❑ 目标 Linkerd 接收请求后再次执行服务发现查找 BookingService 的地址；

❑ Linkerd 将再次把服务发现的 BookingService 地址进行转换，并执行负载均衡选取最优节点，请求被转发到该最优节点。

3.3　Linkerd 术语

在开始介绍 Linkerd 具体配置之前，我们先学习 Linkerd 提供的一些术语，通过了解这些术语，有助于后续内容的理解。

❑ 鉴别器（identifier）

鉴别器将应用请求转化为服务名字或者逻辑路径。

❑ 服务名字（service name）

应用请求经鉴别器转换后即为服务名字，服务名字以特定的前缀打头，例如默认前缀 /svc，如 /svc/booking.service.consul。

❑ 委托表（dtab）

dtab 是 delegation table 的缩写，由一系列路由规则组成，以逻辑路径（logical path）（也称服务名字）为输入，然后经过路由规则做一系列转换生成具体名字（concrete name）（也称客户端名字）。

❑ 委托表记录（dentry）

委托表的每条路由规则称为 dentry，如 /consul => /#/io.l5d.consul/dc1;。

❑ 客户端名字（client name）

服务名字经过 dtab 转换后即生成客户端名字，客户端名字以 /$ 或者 /# 打头，如 /#/io.l5d.consul/dc1/booking。

❑ 服务器（server）

服务器定义服务器的运行地址、端口、最大并发量、是否支持 TLS 等配置，用于处理特定协议的 RPC 请求。

❑ 客户端（client）

客户端由 Linkerd 根据应用请求并经过一系列转化创建，Linkerd 的负载均衡策略、熔断机制、连接池、是否支持 TLS 等配置均在客户端配置。通常客户端由一个或者多个客户端名字构成。若客户端配置为全局配置，则对客户端包括的所有客户端名字生效，若为静态配置，则只对指定的客户端名字生效。

❑ 路由器（router）

每个路由器对应特定协议的 RPC 实现，路由器会配置服务器、客户端以及服务等信息，其中服务器和客户端配置如上所述，对服务主要配置重试机制、超时及响应分类器。从第 2 章关于 Linkerd 架构介绍可知，Linkerd 的 router 等价于 Finagle 的服务器端和客户端模块，此外，每个 Linkerd 实例至少配置一个路由器。

❑ 解释器（interpreter）

Linkerd 通过解释器决定如何解析服务名字和客户端名字，最终获取应用真实 IP 地址和端口。

❑ 命名器（namer）

命名器即特定的服务发现工具，将客户端名字转换为具体的 IP 地址和端口集合。

❑ 转换器（transformer）

转换器将解释器解析到的地址做进一步转换，如更改端口信息等。

3.4　Linkerd 配置

3.4.1　配置构成

Linkerd 支持通过 YAML 和 JSON 格式的配置文件启动其进程，每个配置文件由图 3-5 中配置模块所构成。

如图 3-5 所示，Linkerd 配置主要包括以下内容。

❑ admin：配置 Linkerd 管理接口，可缺省。

❑ namer：配置 Linkerd 支持的服务发现工具，可缺省。

❑ router：配置 Linkerd 对各种协议的 RPC 支持，不可缺省。

❑ telemetry：配置 Linkerd 如何收集运行时指标，可缺省。

❑ usage：配置是否向 Buoyant 发送使用报告，可缺省。

其中 router 配置最复杂而且也最重要，并且不可缺省，否则将不能启动 Linkerd 进程，其他配置相对简单，易于理解。而 router 主要包括以下配置。

❑ protocol

❑ server

❑ dtab

❑ interpreter

❑ client

❑ service

为了方便理解 Linkerd 配置，我们将其分而治之，通过示例，由浅入深，逐步理解。本章主要介绍 namer 和 router 的部分配置 protocol 和 server，Linkerd 要求必须配置这两项配置，其他部分如 interpreter、dtab、client、service 后续章节将详细介绍，本章只做简单说明。

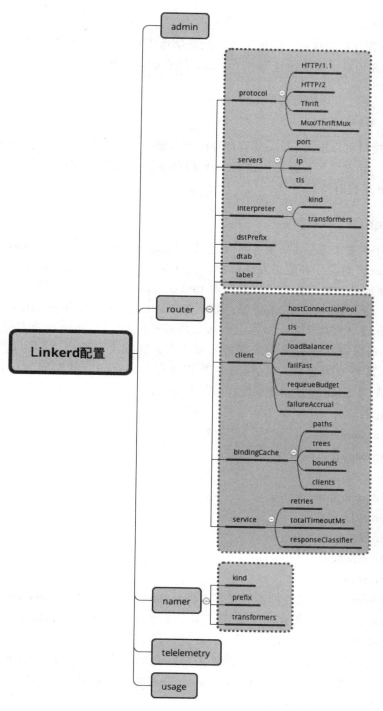

图 3-5　Linkerd 配置

3.4.2 admin

Linkerd 的管理接口通过 admin 配置，配置信息相对简单，主要包括管理接口的监听端口、地址及 TLS 信息，默认地址为 127.0.0.1，监听端口为 9990，如：

```
admin:
  port: 9990
  ip: 0.0.0.0
```

通过管理接口可以进入 Linkerd 管理页面查看服务运行相关信息，比如请求数量、成功率、失败率等，除此之外，还可以进行 dtab 调测以及调整日志打印级别，也可通过管理接口查看 Linkerd 运行时指标。

3.4.3 namer

namer 用于配置 Linkerd 的服务发现工具，Linkerd 支持配置多个 namer 以满足不同需求，每个 namer 可对应一种服务发现机制，它负责把服务名字经过 dtab 转换得到的客户端名字解析为 IP 地址和端口集合。当前版本 Linkerd 支持多种服务发现工具，如基于文件的服务发现机制、Zookeeper、Consul 等，甚至支持发现运行在 k8s 和 marathon 编排工具中的服务，使得 Linkerd 直接从 k8s 和 marathon 读取服务相关信息。namer 配置包括下列内容。

❑ kind：指定选择哪种类型的服务发现工具，比如上一章中使用的基于文件的服务发现，其类型为 io.l5d.fs，还有本章将使用的 Consul，其类型为 io.l5d.consul。对 namer 配置，kind 是强制要求配置的，否则出错。当前，Linkerd 支持的 namer 类型有：

- io.l5d.fs
- io.l5d.serversets
- io.l5d.consul
- io.l5d.k8s
- io.l5d.marathon
- io.l5d.zkLeader
- io.l5d.curator
- io.l5d.rancher
- io.l5d.rewrite

每种类型 namer 具体配置可参考官方文档 namers（https://linkerd.io/config/1.3.6/linkerd/index.html#namers），在此不作一一介绍，本章着重介绍类型为 io.l5d.consul 的 namer，当然后续章节也会对类型为 io.l5d.k8s 的 namer 进行详细介绍。

❑ prefix：prefix 依赖于 namer，默认为 /+kind 对应的值，如 /io.l5d.consul，也可将其自定义为任意其他以 / 打头的值。namer 在解析名字时以 /#+prefix 作为前缀，如 /#/io.l5d.consul/dc1/booking。

❑ transformers：用于转换已解析得到的地址，后续会详细介绍。

❑ experimental：标识 namer 是否处于试验状态，默认为 false。

另外，基于所选择的 namer 类型，除配置上述通用配置外，可能还需配置特定额外配置，如示例中使用 io.l5d.consul 类型的 namer 除通用配置外，还需配置 Consul 地址和端口、是否包括服务标签、是否使用 Consul 的健康监测数据判断服务健康与否等，其配置如下。

```
namers:
- kind: io.l5d.consul
  prefix: /io.l5d.consul
  host: 127.0.0.1
  port: 8500
  includeTag: false
  setHost: false
  useHealthCheck: true
```

还有，Linkerd 提供两种特殊的内置 namer：inet 和 io.buoyant.rinet，其中 inet 对形如 /$/inet/DNSOrIPAddress/Port 的客户端名字进行解析，若 DNSOrIPAddress 为 DNS 记录，则查询 DNS 记录对应的 IP 地址，解析为 IPAddress:Port 集合，若为 IPAddress，则直接解析为 IPAddress:Port，比如 /$/inet/127.0.0.1/4140 会被解析为 127.0.0.1:4140。而 io.buoyant.rinet 则对形如 /$/io.buoyant.rinet/Port/DNSOrIPAddress 的客户端名字进行解析。需要特别注意的是 inet 和 io.buoyant.rinet 都以 /$ 打头，以此区分上述 namer。

除上述所列出的 namer，Linkerd 还提供一些工具 namer，用于辅助实现 dtab 的复杂变换，但不用作服务发现，我们称这些 namer 为 rewriting namer，这包括以下工具。

❑ io.buoyant.http.domainToPathPfx：重写形如 /$/io.buoyant.http.domainToPathPfx/ <prefix>/ <host> 的 dtab 路径为以 <prefix> 打头的前缀，然后以 / 替换 <host> 的 . 并反转，如 /$/io.buoyant.http.domainToPathPfx/pfx/foo.buoyant.io/resource/name 被重写为 /pfx/io/buoyant/foo/resource/name。

❑ io.buoyant.http.subdomainOfPfx：重写形如 /$/io.buoyant.http.subdomainOfPfx/<domain>/<prefix>/<host> 的 dtab 路径为以 <prefix> 打头的前缀，然后丢弃 <host> 的 <domain> 部分，如 /$/io.buoyant.http.subdomainOfPfx/buoyant.io/pfx/foo.buoyant.io/resource/name 被重写为 /pfx/foo/resource/name。

❑ io.buoyant.hostportPfx：重写形如 /$/io.buoyant.hostportPfx/<prefix>/<host>:<port>/etc 的 dtab 路径为以 <prefix> 打头的前缀，转换 <host>:<port> 为 /host/port，然后连接 /etc，如 /$/io.buoyant.hostportPfx/pfx/host:port/etc 被重写为 /pfx/host/port/etc。需注意的是该 namer 不支持 IPv6。

❑ io.buoyant.porthostPfx：重写形如 /$/io.buoyant.porthostPfx/<prefix>/<host>:<port>/etc 的 dtab 路径为以 <prefix> 打头的前缀，转换 <host>:<port> 为 /port/host，然后连接 /etc，如 /$/io.buoyant.porthostPfx/pfx/host:port/etc 被重写为 /pfx/port/host/etc。

与用于服务发现的 namer 不同的是 rewriting namer 以 /$ 打头，而且无需在 namer 配置中显示配置即可使用。

现假如已获得客户端名字 /#/io.l5d.consul/dc1/booking，其告之 prefix 为 /io.l5d.consul 的 namer 将解析该客户端名字成 Consul 数据中心为 dc1，服务名字为 booking 对应的 IP 地址和端口集合，如 192.168.1.12:39462 192.168.1.13:42251。

3.4.4　router

Linkerd 的核心工作是路由，即接收应用请求，然后将应用请求转发到正确的目的地址进行处理，它无需关心应用请求的具体有效载荷，只负责转发。而这一核心功能是通过配置 router 实现的，其配置包括 Linkerd 支持哪种协议的 RPC 请求，如 HTTP/1.1、HTTP/2 等协议，一个或多个服务器，客户端以及服务等。还有，Linkerd 可配置一个或多个 router，每个 router 代表对某种特定协议 RPC 支持。对某个特定的 router，要么处理输出流量，要么处理输入流量，处理输出流量的 router 称为 outgoing router，这种情况下应用请求流量流入 outgoing router 而不直接转发到真实目的地址，如上执行 curl -s http://192.168.1.11:62000/users/tom/bookings 时，请求将被代理到本地 outgoing router，然后 Linkerd 转发请求到目标地址（真实服务实例地址或者目标 router 服务器对应地址）。如果是真实服务实例地址，则请求将直接由真实服务实例处理，反之，请求将转发到目标 router 服务器对应地址，如上 UserService 访问 BookingService 时，流经 UserService 所在机器 Linkerdoutgoing router 的请求将被转发到 BookingService 所在机器的 Linkerd，然后转发请求到真实服务实例进行处理，我们称这个处理输入流量的 router 为 incoming router。接下来我们开始介绍如何配置 router。

- ❏ protocol：每个 router 必须配置 protocol，不能缺省，Linkerd 支持配置 http、h2、mux、thrift 和 thriftmux。不同类型的 protocol 除通用配置参数外，还需要配置协议相关的参数，具体可参考 Linkerd 官方文档配置 http、h2、thrift、mux 和 thriftmux。下面以 http 协议为例子介绍如何配置 http 协议相关参数，针对 http 协议，尽管其支持配置多个参数，但通常主要配置以下参数。
- dstPrefix：默认为 /svc，可自定义，所有 http 协议支持的 identifier 将请求转化为服务名字时以该配置为前缀，比如 /svc/booking。
- httpAccessLog：设置访问日志存储路径，默认为空，即不存储访问日志。
- identifier：设置 http 协议支持的 identifier，配置一个或者多个均可，当配置多个时，按顺序依次处理，返回第一个 identifier 处理的结果。identifier 的主要作用是将应用请求转化为服务名字，服务名字以 dstPrefix 对应的值打头，然后通过服务名字寻址真实目的地址。当前版本 Linkerd 为 http 协议提供如下 indentifier，实际环境中可根据需求选择一个或多个 indentifier，而具体配置参考官方文档（https://linkerd.io/config/1.3.6/linkerd/index.html#http-1-1-identifier·）详细介绍，在此不再一一介绍。

❏ io.l5d.methodAndHost

❏ io.l5d.path

❏ io.l5d.header

❏ io.l5d.header.token

❏ io.l5d.static

❏ io.l5d.ingress

❏ io.l5d.k8s.istio

默认 identifier 为 io.l5d.header.token，针对该 identifier 需要配置 HTTP 头部 header，默认为 Host，即：

```
identifier:
  kind: io.l5d.header.token
  header: Host
```

其中 header 可设置为应用支持的 HTTP 官方和非官方头部。当应用请求经过该 identifier 鉴定后，生成服务名字形式为 /dstPrefix/[headerValue]，如执行命令 curl -s -H "Host：booking.service.consul" localhost:4140 向 Linkerd 发送请求，则生成服务名字 /svc/booking.service.consul。

除官方提供的 identifier, Linkerd 甚至支持开发自定义的 identifer 以满足特定需求，后续第 9 章将详细介绍如何开发自定义的 identifier。

而其他 http 配置参数，比如 HTTP 请求头部大小、请求大小、响应大小等，通常使用默认值即可。示例中该部分配置为：

```
- protocol: http
  httpAccessLog: /tmp/access_outgoing.log
  dstPrefix: /svc      # 默认值，已省略
  identifier: io.l5d.header.token # 默认值，已省略
```

❏ server：除配置 protocol 外，每个 router 需配置一个或多个 server，需要注意的是，server 是 protocol 无关的，无论配置何种 protocol，都要配置 server，其配置包括 server 的 ip 地址，监听端口 port, 能处理的最大并行请求数 maxConcurrentRequests 以及配置 tls 使其可处理加密的应用请求等。示例中我们配置两个 router，每个 router 对应一个 server，分别监听不同端口用于不同的目的：

```
- protocol: http
  ...
  servers:
  - port: 4140
    ip: 0.0.0.0

- protocol: http
  ...
  servers:
```

```
- port: 4141
  ip: 0.0.0.0
```

此时我们只简单配置 server 的监听端口及 IP 地址，其他配置如 tls、clearContext 等后续章节会涉及并详细介绍。

- ❑ dtab：dtab 由一系列路由规则组成，以服务名字为输入，然后将其转换为客户端名字，更多内容将在第 4 章详细介绍，示例中 dtab 配置如：

```
dtab: |
  /consul => /#/io.l5d.consul/dc1;
  /host   => /consul;
  /svc    => /$/io.buoyant.http.subdomainOfPfx/service.consul/host;
```

针对该 dtab 配置，如果服务名字为 /svc/booking.service.consul，那么 dtab 如何以该服务名字为输入将其转换为客户端名字？由于匹配 dtab 规则 dentry 是从底到顶进行匹配，因此，首先跟 /svc => /$/io.buoyant.http.subdomainOfPfx/service.consul/host; 进行匹配，根据上述关于 rewriting namer 的介绍，可知匹配结果为 /host/booking，然后跟 /host => /consul; 匹配，匹配结果为 /consul/booking，最后匹配 /consul => /#/io.l5d.consul/dc1;，匹配结果为 /#/io.l5d.consul/dc1/booking，即客户端名字。

- ❑ interpreter：interpreter 决定如何解析服务名字和客户端名字，其配置包括两部分。
  - ● kind：kind 指定从什么地方读取 dtab 和 namer 信息将服务名字转换为客户端名字和客户端名字转换为 IP 地址和端口集合。目前 Linkerd 支持配置的类型有：
    - ■ default
    - ■ io.l5d.namerd
    - ■ io.l5d.namerd.http
    - ■ io.l5d.mesh
    - ■ io.l5d.fs
    - ■ io.l5d.k8s.configMap

默认 kind 为 default，意味着使用 Linkerd 配置文件中配置的 namer 和 router 配置块的 dtab 进行服务名字和客户端名字解析，若未显示配置 namer，则 Finagle 提供的全局 namer 接管解析工作，通常全局 namer 以 /$ 打头，如 /$/inet；如果设置为 io.l5d.namerd、io.l5d.namerd.http 和 io.l5d.mesh，则从远端 namerd 服务中读取 dtab 规则进行服务名字解析和 namer 配置进行客户端名字解析，此时即使本地 Linkerd 配置文件中配置 namer 和 dtab，仍然忽略不计。关于 namerd 服务的详细信息，请参考第 6 章；如果设置为 io.l5d.fs，Linkerd 通过配置文件中 namer 配置进行客户端名字解析，但 dtab 规则从指定的文件中读取，而且支持热更改，即更改文件中的 dtab 规则无需重启 Linkerd 服务，Linkerd 自动加载；如果设置为 io.l5d.k8s.configMap，Linkerd 仍然通过配置文件中 namer 进行客户端名字解析，但 dtab 规则通过 Kubernetes API 从 ConfigMap 读取。当 kind 为 io.l5d.fs 和 io.l5d.configMap

时，本地 Linkerd 配置文件中配置的 dtab 均被忽略。更多 interpreter 的信息请参考官方文档
（https://linkerd.io/config/1.3.6/linkerd/index.html#interpreter）中的详细介绍。

- transformer：如果需要对 interpreter 已解析的目的地址即 IP 地址和端口做更进一步的转化，比如替换端口，transformer 可以帮你实现。如果为 interpreter 配置一个或者多个 transformer，转换时以它们配置的先后顺序依次生效，一旦其中一个 transformer 生效，则剩下的 transformer 被忽略。当前版本 Linkerd 支持配置如下 transformer：
  - io.l5d.localhost
  - io.l5d.specificHost
  - io.l5d.port
  - io.l5d.k8s.daemonset
  - io.l5d.k8s.localhost
  - io.l5d.replace
  - io.l5d.const

其中 io.l5d.localhost 和 io.l5d.port 以及 io.l5d.k8s.daemonset 和 io.l5d.k8s.localhost 是最常见的 transformer。而 io.l5d.localhost 和 io.l5d.k8s.localhost 主要用于过滤掉与本地 Linkerd IP 地址不同的地址，剩下与本地 Linkerd 地址相同的部分，例如地址集 192.168.1.12:4140 192.168.1.13:4140，Linkerd 运行于 192.168.1.12:4140，则经过上述两个 transformer 转换后，剩下 192.168.1.12:4140，常配置于 incoming router，但 io.l5d.k8s.localhost 用于 Kubernetes 环境。io.l5d.porttransformer 替换地址集的端口为指定端口，比如地址集 192.168.1.12:39462 192.168.1.13:42251，指定端口为 8082，则转后为 192.168.1.12:8082 192.168.1.13:8082，即请求被发送到 8082 端口而不是替换前的 39462 和 42251 端口。而 io.l5d.k8s.daemonset 主要用于 Kubernetes 环境，将 Kubernetes 集群中运行 Pod 对应的地址和端口转换为某个以 DaemonSet 运行的服务对应的 IP 和端口，比如 Pod 地址集为 10.254.1.12:39462 10.255.1.13:42251，其中 10.254.1.12:39462 对应 Pod 的主机为 192.168.1.12，而以 DaemonSet 方式运行的 Linkerd 服务 IP 地址为 192.168.1.12，端口为 4140，则请求发送到 192.168.1.12:4140，过滤掉另外一个 Pod，然后由 Linkerd 转发到目标服务地址。我们可认为该 transformer 是 io.l5d.localhost 或者 io.l5d.k8s.localhost 和 io.l5d.port 的结合体，不但过滤掉无用的地址，而且替换端口。io.l5d.port 和 io.l5d.k8s.daemonset 常用于 outgoing router。更多 transformer 的具体配置可参考官方文档（https://Linkerd.io/config/1.3.6/Linkerd/index.html#transformer）中的详细介绍。

另外，需注意的是 Linkerd 配置中有两个地方可配置 transformer，其中第一个地方是 namer，然后是 interpreter，它们的区别是 namer 中配置的 transformer 只对该 namer 解析的地址进行转换，而 interpreter 中配置的 transformer 会对所有 namer 解析的地址进行转换，转换范围更大。因此，如果不想对某些 namer 解析的地址进行转换，则无需在 interpreter 配置 transformer，只需在需要进行地址转换的 namer 上配置 transformer 便可实现。

示例中，我们为两个 router 分别配置不同的 interpreter 及 transformer：

```
# outgoing router
interpreter:
  kind: default
  transformers:
  - kind: io.l5d.port
    port: 4141

# incoming router
interpreter:
  kind: default
  transformers:
  - kind: io.l5d.localhost
```

如上述配置，它们的 kind 都是 default，这意味着 Linkerd 将通过配置文件中的 namer 进行客户端名字解析，即类型为 io.l5d.consul 的 namer。假如经 dtab 转换后的客户端名字为 /#/io.l5d.consul/dc1/booking，则 namer 将从数据中心为 dc1 的 Consul 集群中查询服务 booking 对应的健康实例，返回其地址和端口信息：192.168.1.12:39462 192.168.1.13:42251。由于在 outgoing router 和 incoming router 中已配置 transformer，那么 transformer 如何对输出的 IP 地址和端口进行转化呢？针对 outgoing router，io.l5d.port 将 interpreter 得到地址的端口替换为指定的端口 4141，则上述 IP 地址和端口集合被转换为 192.168.1.12:4141 192.168.1.13:4141，端口被替换为 4141，实际上 4141 是 incoming router 的 server 端口，即应用请求将被代理到 incoming router 的 server 端口。而针对 incoming router，io.l5d. localhost 过滤 interpreter 得到的地址和端口集合，保留与本机有相同地址的一个或多个地址和端口，因此上述 IP 地址和端口集合被转换为两个中的一个，如果发生转换的机器具有多个服务实例，也可保留多个地址，最终通过负载均衡算法选出最优实例进行请求处理，实际取决于转换发生在哪一台机器，若发生在 192.168.1.12 这台机器，则转换后为 192.168.1.12:39462，请求将由该实例处理。

❏ label：router 的标识，默认为 protocol 的值，可自定义，如示例中定义为 incoming 和 outgoing：

```
label: outgoing
```

❏ client：Linkerd 的 client 对应 Finagle 的客户端模块，因此 Finagle 的客户端模块支持配置的参数几乎都可配置于 Linkerd，而 Linkerd 提供的大部分功能均由 client 模块实现。完成 dtab 从服务名字到客户端名字的转换后，在配置 Linkerd 的 client 时，可配置为全局配置（io.l5d.gloabl）或静态配置（io.l5d.static）两种类型之一。
  ● 当为全局配置时，client 配置对所有服务 client 生效。
  ● 当为静态配置时，client 配置对匹配特定前缀的 client 生效，若匹配多个前缀，配置文件中最后一个匹配的优先级最高。

client 配置主要包括连接池 hostConnectionPool，是否支持 tls，选择什么样的

loadBalancer，使用哪一种熔断机制等。本节示例中这些都是默认配置，详细介绍参考后续第 8 章，我们将介绍更多关于如何配置 client 的知识。

❑ service：service 定义 Linkerd 与服务通信时使用的策略，同 client 配置一样，可配置为全局配置（io.l5d.global）或静态配置（io.l5d.static），全局配置对所有服务生效，而静态配置对匹配的服务生效，若匹配多个时，配置文件中最后一个匹配的优先级最高。具体配置包括 timeout 时间 totalTimeoutMs，重试机制 retries 以及 responseClassifier。本章示例中也为默认配置，详细介绍参考后续第 8 章内容。

3.4.5　telemetry

telemetry 配置块主要配置如何收集和发送 Linkerd 产生的 telemetry 数据，你可以选择不同收集或发送工具，也可以控制收集的比例。Linkerd 支持配置如下收集或发送工具。

❑ io.l5d.prometheus：以 prometheus 的数据格式收集指标，然后发送到 prometheus。

❑ io.l5d.influxdb：以 influxdb 的数据格式收集指标，然后发送到 influxdb。

❑ io.l5d.tracelog：设置日志级别和收集样本比率，日志级别也可从 Linkerd 管理页面进行设置。

❑ io.l5d.recentRequests：设置收集最近请求样本比率和保存多少请求在内存，可从 Linkerd 管理页面查看。

❑ io.l5d.zipkin：设置将追踪数据发送到 zipkin 以帮助问题定位。

❑ io.l5d.statsd：以 statsd 的数据格式收集指标，然后发送到 statsd，由于它可能导致 Linkerd 高时延，现已不再继续支持，尽量避免在产线使用。

如下是我们示例中配置：

```
telemetry:
- kind: io.l5d.recentRequests
  sampleRate: 0.01
```

3.4.6　usage

usage 配置定义是否允许 Linkerd 向 Buoyant 发送运行时配置信息、操作系统信息、容器编排方案，如 namer、identifier 等，从安全角度来说，建议在产线环境关闭该功能，如：

```
usage:
  enabled: false
```

3.5　总结

本章通过一个实例由浅入深讲解 Linkerd 配置，具体包括 admin、namer、router、telemetry 等。通过实例，让大家更加易于理解、学习 Linkerd 的配置，帮助大家理清 Linkerd 的工作流。

Chapter 4 第 4 章

深入 Linkerd 数据访问流

通过第 3 章学习如何进行 Linkerd 配置后，大家对 Linkerd 配置有了深入认识，理解了 Linkerd 的大致工作流。而本章我们将详细介绍 Linkerd 路由机制的根本 :dtab，通过学习 dtab 的工作原理，理解 Linkerd 的路由机制，以及在整个数据流处理过程中，每个阶段 Linkerd 又是如何处理请求的，以此最终实现请求路由到目标服务。

4.1 dtab 详解

首先，我们介绍整个 Linkerd 路由过程中非常重要的一个概念，即 dtab，它是 Linkerd 路由的基石，其决定应用请求将如何流向目标服务。

4.1.1 dtab 定义

dtab 是 delegation table 的缩写，dtab 由一系列路由规则组成，以逻辑路径（logical path）为输入，然后经过路由规则做一系列的变换生成具体名字（concrete name），通过具体名字寻址真实目的地址的过程叫作解析（resolution）。在 Linkerd 中，逻辑路径对应服务名字，具体名字对应客户端名字。对 dtab 的每条路由规则，我们称为 dentry（delegation entry），其格式为 src => dest，src 和 dest 可以是任何字符串，如图 4-1 所示。如果逻辑路径匹配前缀 src，则该前缀被重写为 dest，否则不做重写。

假如包含一条 dentry 的 dtab：

```
/host => /consul
```

输入逻辑路径 /host/mesh 将被重写为 /consul/mesh，重写也是 dtab 最基本最简单的语法规则。

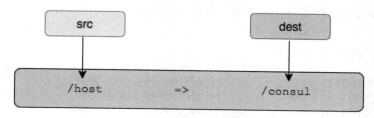

图 4-1　dentry 格式

dtab 在 Linkerd 配置中充当非常重要的角色，即如何把服务名字（service name）转换为客户端名字（client name），因此理解 dtab 的工作原理至关重要，接下来我们将详细介绍 dtab 的工作原理，若需了解更多关于 dtab 的信息，可参考 Finagle 的 dtab 文档（https://twitter.github.io/finagle/guide/Names.html）。

> **注意** Finagle 并未明确指出 dtab 最大能包含多少条 dentry，即理论上可包含任意多条，不过实际环境中很少遇到这种情况。

4.1.2　dtab 路由原理

对于一个含有多条 dentry 的 dtab，当输入服务名字（逻辑路径）后，Linkerd 如何匹配这些 dentry，以什么样的顺序匹配，匹配什么时候结束，除了简单的重写之外，dtab 还支持哪些语法规则，下面我们将逐一回答这些问题。现假设已有 dtab 如：

```
11. /svc/baidu.com    => /$/io.buoyant.rinet/443/baidu.com
10. /svc              => /$/io.buoyant.http.subdomainOfPfx/service.consul/host;
 9. /svc/always       => /#/io.l5d.consul/dc1/canary | /#/io.l5d.consul/dc1/
noncanary;
 8. /svc/enabled      => 1 * /#/io.l5d.consul/dc1/canary & 9 * /#/io.l5d.consul/
dc1/noncanary;
 7. /svc/disabled     => /#/io.l5d.consul/dc1/noncanary;
 6. /svc/enabled/mesh => 5 * /#/io.l5d.consul/dc1/canary/mesh & 5 * /#/io.l5d.
consul/dc1/noncanary/mesh;
 5. /svc/disabled/mesh=> /#/io.l5d.consul/dc1/noncanary/mesh;
 4. /consul           => /#/io.l5d.consul/dc1;
 3. /host             => /pfx;
 2. /host             => /consul;
 1. /host/search      => /$/net/10.10.10.10/80;
```

后续我们通过该 dtab 讲解其语法规则、路由顺序等。

> **注意** 真实的 dtab 没有行号，这里在每条 dentry 前面加入行号方便解释。

1. dtab 语法

除了简单重写替换操作外，dtab 还支持如下语法规则。

❏ 通配符 *

假设 dtab 包括如下 dentry：

```
/http/1.1/GET/host1/url          => /$/inet/1.1.1.1/8080;
/http/1.1/GET/host2/url          => /$/inet/1.1.1.1/8080;
/http/1.1/GET/host3/url          => /$/inet/1.1.1.1/8080;
```

如果多条类似这种 dentry 出现在 dtab 中，会不断重复增加 dentry，使得 dtab 的 dentry 数量变得更大，虽然官方目前并没有任何证据表明 dtab 的 dentry 数量增大会带来潜在问题，但是更好的方法是使用通配符 * 代替，减少 dentry 的数量，替换后 dtab 如下所示，只需要一条 dentry 即可表示，简单明了，易于理解及后期维护和管理。

```
/http/1.1/GET/*/url          => /$/inet/1.1.1.1/8080;
```

❏ 候补（alternate）、联合（union）、权重（weight）

如果 dtab 中有两条或者多条 dentry 拥有相同的 src，我们称它们互为候补，比如：

```
/host     => /pfx;
/host     => /consul;
```

互为候补的多个 dentry 可用 | 表示，

```
/host     => /consul | /pfx;
```

通过 | 连接的多个 dest，执行路由匹配时首先匹配第一个，如果不成功，则匹配第二个，依次类推，如上若匹配 /consul 不成功，则继续匹配 /pfx。另外，通过候补可很容易实现服务故障切换机制，假如 dtab 包含如下 dentry：

```
/svc/always  => /#/io.l5d.consul/dc1/noncanary | /#/io.l5d.consul/dc2/noncanary;
```

该 dentry 表示若 /svc/always/mesh 匹配 dest/#/io.l5d.consul/dc1/noncanary 不成功时，表明不能在数据中心为 dc1 的 Consul 集群中查询到标签为 noncanary 的 mesh 服务，则自动匹配第二个 dest /#/io.l5d.consul/dc2/noncanary，查询数据中心为 dc2 的 Consul 集群中标签为 noncanary 的 mesh 服务，实现故障切换。

dtab 也支持联合，即多个 dest 拥有同等或者不同等的几率（权重）替换匹配成功的前缀 src，其中权重可以是小数或者整数，比如：

```
/svc/enabled/mesh    =>  5 * /#/io.l5d.consul/dc1/canary/mesh & 5 * /#/io.l5d.
consul/dc1/noncanary/mesh;
```

该 dentry 表示服务 mesh 的流量将被均匀分摊到 canary 和 noncanary 版本。但下面的 dentry 则表示 10% 的流量路由到 canary 版本，90% 的流量路由到 noncanary 版本。

```
/svc/enabled      =>  0.1 * /#/io.l5d.consul/dc1/canary & 0.9 * /#/io.l5d.consul/
dc1/noncanary;
```

❑ 负解（negative）、失败（failure）、空解（empty resolution）

若指定的 namer 不能把客户端名字成功解析为 IP 地址和端口的集合，则称为负解（negative resolution），用符号 ~ 表示，负解对 Linkerd 来说是无意义的，应用请求不会被真正处理，此时设置特定的故障切换机制增强服务健壮性将更加合理，比如使用候补将服务降级到低版本等：

```
/svc/newVersion   => ~ | /oldVersionHost;
```

有些时候，虽然匹配失败，但又不想继续通过候补进行匹配，即立即停止，可以使用失败（failure）阻止该行为，dtab 中失败表示为 /$/fail 或者 !，比如：

```
/svc/new_version  => /new_version_host | !;
```

最后，Linkerd 还支持空解（/$/nil 或 $），通常用于测试。

2. 路由匹配顺序

对 dtab 来说，任何输入的服务名字（逻辑路径），Linkerd 将从 dtab 底部到顶部开始匹配，底部的 dentry 具有高优先级，每次匹配 dentry 成功后，如果需要继续匹配，又从底部到顶部重新开始匹配，直到匹配结束。若遇到无限循环的情形，无需担心，Finagle 会在尝试多次后将自动退出。现假如需要将服务名字 /svc/booking.service.consul 转换为客户端名字，以 4.1.2 节给出的 dtab 为例子，匹配将从预先给定 dtab 的第 1 行开始，由于从第 1 到第 9 行都不匹配，直到第 10 行才匹配成功，第一次匹配成功后 /svc/booking.service.consul 被重写为 /host/booking，此时以 /host/booking 为输入，然后继续从第 1 行开始，这次在第 2 行就匹配成功，/host/booking 被重写为 /consul/booking，也许你会发现第 3 行也可以被 /host/booking 匹配，但第 2 行优先级更高，因此匹配第 2 行而不是第 3 行。实际上匹配还没有结束，匹配仍然从第 1 行开始，到第 4 行，匹配成功，最终，/consul/booking 被重写为客户端名字 /#/io.l5d.consul/dc1/booking。

3. 路由结束标识

在整个 dtab 匹配过程中，一旦服务名字经过 dtab 转换为客户端名字，并被成功解析为 IP 地址和端口集合时，即满足以下两种情形之一时认为匹配结束。

❑ 成功匹配 dentry 后逻辑路径被重写为以 /#+prefix 打头的形式，其中 prefix 为配置 namer 的前缀，如 /#/io.l5d.consul/dc1/booking。

❑ 成功匹配 dentry 后逻辑路径被重写为以 /$/inet 或者 /$/io.buoyant.rinet 打头的形式，如 /$/inet/10.10.10.10/80 或者 /$/io.buoyant.rinet/443/baidu.com。

针对第一种情况，完成服务名字到客户端名字的转换，然后 namer 通过客户端名字从服务注册中心解析与之对应的 IP 地址和端口集合，如 /#/io.l5d.consul/dc1/booking，从数据中心为 dc1 的 Consul 中解析服务 booking 对应的 IP 地址和端口集合：192.168.1.12:39462 192.168.1.13:42251。

针对第二种情况，Linkerd 提供的特殊 namerinet 和 rinet 将直接把匹配的路径解析为 IP 地址和端口，比如逻辑路径 /host/search 匹配 /host/search => /\$/net/10.10.10.10/80; 使得服务 search 被解析为 10.10.10.10:80，而对 /svc/baidu.com，匹配 dentry/svc/baidu.com => /\$/io.buoyant.io/443/baidu.com，通过查询 DNS 解析 baidu.com 为 220.181.57.216:443 111.13.101.208:443。

另外，通过 dtab 转换生成的客户端名字中可能包含一些无用的残留路径，比如我们输入服务名字 /svc/booking.service.consul/residual，最终生成客户端名字 /#/io.l5d.consul/dc1/ booking/residual，而实际上，客户端名字中的 /residual 为残留部分，没有任何实质作用。我们通过 Linkerd 的管理界面更加直观地告知 Linkerd 如何处理残余路径，如图 4-2 所示，Linkerd 会自动判断哪些路径是残余路径，在解析客户端名字时并未使用残余路径。

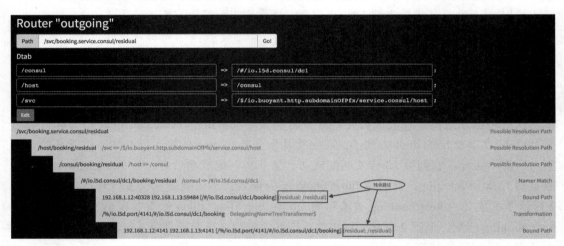

图 4-2 dtab 残余路径

4.1.3 示例演示

学习 dtab 的工作原理后，我们演示向 dtab 输入服务名字，然后输出客户端名字的过程。根据第 3 章 Linkerd 配置文件中我们定义的 dtab：

```
/consul => /#/io.l5d.consul/dc1;
/host   => /consul;
/svc    => /$/io.buoyant.http.subdomainOfPfx/service.consul/host;
```

若服务名字为 /svc/booking.service.consul，解析过程如图 4-3 所示。

开始时以服务名字作为输入，步骤 1 的输出作为步骤 2 的输入，依次类推，直到步骤 3 满足上述匹配结束的标识，即成功匹配 /consul => /#/io.l5d.consul/dc1；当然也可以通过 Linkerd 管理界面进行更加真实直观的演示，首先需要登录 linkerd 管理页面，比如第一台虚机 linkerd02 上 linkerd 的管理页面地址 http://localhost:9992/（在宿主机上浏览器打开），选择 dtab 并在右上角选择标签为 outgoing 的 router，然后在输入框输入服务名字 /svc/booking.service.consul 后回车返回如图 4-4 所示。

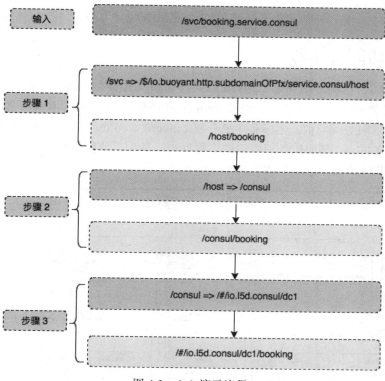

图 4-3 dtab 演示流程

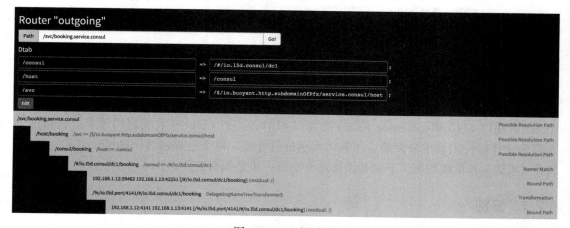

图 4-4 dtab 调试流

如图 4-4 所示在获取到客户端名字 /#/io.l5d.consul/dc1/booking 后，namer 将其解析为 IP 地址和端口集合，如 192.168.1.12:39462 192.168.1.13:42251，由于 Linkerd 配置文件 linkerd.yml 在 router 的 interpreter 配置块配置了 transformer，因此还需对解析到的地址和端口做更进一步的转换或者过滤，这里为替换端口，如图 4-4 所示将所有地址的随机端口被替换为 4141。

4.2　数据访问流详解

前面我们结合示例详细介绍 Linkerd 配置及 dtab 工作原理，示例环境中我们部署不同服务的多个实例到不同计算节点，以 Consul 作为服务发现工具，Linkerd 为 Service Mesh 工具实现多节点服务间通信。本节将主要介绍 Linkerd 如何处理应用数据，通过学习本节内容，你将理解 Linkerd 是如何处理应用请求数据流。首先，我们给出 Linkerd 处理应用请求的流程图，如图 4-5 所示，然后逐步讲解。

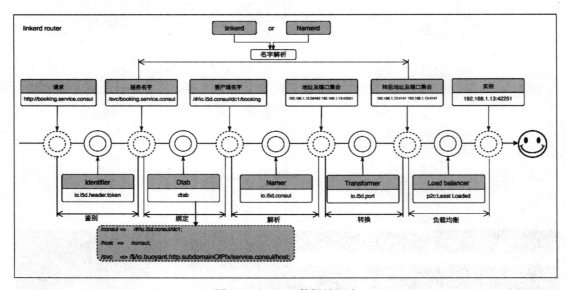

图 4-5　Linkerd 数据处理流

当应用请求发到 Linkerd 特定路由器所监听的端口时，比如第 3 章示例中 outgoing router 的端口 4140 和 incoming router 的端口 4141，一旦 Linkerd 收到应用请求，它通过一系列的动作将应用请求分发给应用具体实例进行处理，整个过程包括：鉴别、绑定、解析、转换（可选）和负载均衡，下面开始详细介绍每一步是如何工作。

4.2.1　鉴别

首先，在 Linkerd 收到应用请求后，Linkerd 需要根据请求所携带的信息将请求转换为服务名字，该过程称为鉴别。虽然转化过程可能因为协议的不同有所区别，具体以配置协议为准，但无论是什么协议，该过程都必不可少。针对 http 和 h2 两种协议，Linkerd 需通过配置的 identifier 将请求转换为服务名字，Linkerd 默认的 identifier 配置为 io.l5d.header.token，它提取请求 Header 的名字，用 router 配置的 dstPrefix 和 Header 的名字所对应的值组合为服务名字，io.l5d.header.token 的默认 Header 名字为 Host，即当我们通过 curl -s -H "Host:booking.service.consul" localhost:4140/healthcheck 或者在浏览器输入 http://booking.service.consul:4140/healthcheck 访问服务时，Linkerd 根据 io.l5d.header.token 提取出 Host 的值为 booking.service.consul，而 dstPrefix 默认为 /svc，因此服务名字为 /svc/service.service.consul，假若 dstPrefix 被自定义为其他值，比如 /srv，则服务名字为 /srv/service.service.consul，当然，io.l5d.header.token 的 Header 可以是任何合法名字。对于 Linkerd 其他官方支持或者自定义的 identifier，转化细节可能略有不同，比如，若 indentifier 配置为 io.l5d.methodAndHost，访问 http://booking.service.consul:4140/healthcheck 时，则服务名字为 /svc/GET/booking.service.consul，但最终都会得到以斜杠 / 打头的服务名字。服务名字是逻辑意义上的地址，不包括任何具体信息，如集群信息、环境信息、所在数据中心等，当然此时也不需要关心这些信息。为了寻址服务的真实目的地址信息，接下来便是对服务名字做更进一步的转换：绑定。

4.2.2　绑定

完成鉴别后，即已获取服务名字，然后在 router 中配置的 dtab 开始闪亮登场，它的主要作用就是将服务名字转换为客户端名字，转换的过程称为绑定。整个过程以服务名字作为输入，经过 dtab 的路由规则进行一系列转换，输出客户端名字，具体转换过程可参考 4.1 节 dtab 详解。通过绑定，图中服务名字 /svc/booking.service.consul 被转换为客户端名字 /#/io.l5d.consul/dc1/booking。客户端名字与服务名字的区别如下。

❑ 服务名字：dtab 转换发生之前。

❑ 客户端名字：dtab 转换发生之后。

❑ 客户端名字以 /# 或者 /$ 打头，其中 /# 打头的格式为 /#/prefix/...，其中 prefix 设置于 Linkerd 或者 Namerd 服务配置文件中 namer 配置块，然后是服务相关信息，比如服务名字、数据中心、标签等，而 /$ 打头的格式为 /$/inet/DNSOrIPAddress/Port 或者 /$/io.buoyant.rinet/Port/DNSOrIPAddress。

❑ 服务名字以 /dstPrefix 打头，其中 /dstPrefix 设置于 router 的 protocol 配置块。

❑ 客户端名字包括一些具体的信息如服务所在数据中心、环境信息（比如 QA 还是 Prod）等。

❑ 通过客户端名字可以查询到服务的 IP 地址和端口信息。

❑ 服务名字只是逻辑概念，不代表服务的任何真实信息。

> 🔍 注 尽管 Linkerd 内置 的 Rewriting Namer（https://linkerd.io/config/1.3.6/linkerd/index.
> 意 html#rewriting-namers）以 /$ 打头，但它们不是客户端名字。

至于从什么地方读取 dtab 路由规则进行转换取决于 Linkerd 配置文件中 interpreter 的 kind 配置，默认配置为 default，即从 Linkerd 本地配置文件中读取 dtab 规则。对于其他配置，参考第 3 章关于 interpreter 的详细介绍。

一旦获取到客户端名字，然后我们可以在客户端名字上配置 Linkerd 提供的多种功能，比如主机连接池、TLS 加密通信、负载均衡算法、熔断机制及重连等，而且我们可以通过设置客户端配置为全局配置为所有客户端名字设置相同的配置，也可以设置客户端配置为静态配置针对某个客户端名字设置特定配置，后续章节我们将会涉及如何配置这些功能。

4.2.3　解析

尽管客户端名字已经告诉我们需要访问的服务运行在哪个数据中心、什么样的环境、哪个集群等信息，但是我们仍然不知道服务的具体 IP 地址和端口信息。因此，所谓解析，即将客户端名字转换为具体 IP 地址和端口集合的过程。解析过程中，Linkerd 会判断客户端名字是以 /$ 还是 /# 打头，如果以 /# 打头，Linkerd 根据其配置文件中 interpreter 的 kind 配置决定从什么地方读取 namer 配置将客户端名字解析为服务的 IP 地址和端口集合，该过程实际是通过 namer 指定的服务发现工具实现的，比如针对客户端名字 /#/io.l5d.consul/dc1/booking，namer 为 io.l5d.consul，即通过 Consul 做服务发现，从数据中心为 dc1 的 Consul 中查找名为 booking 的服务对应的 IP 地址和端口集合，查询结果为 192.168.1.12:39462 192.168.1.13:42251。如果以 /$ 打头，则来自类路径（classpath）的内置 namer 将被用于执行解析动作，如客户端名字 /$/io.buoyant.irnet/443/baidu.com，内置 namerio.buoyant.irnet 将其解析为：220.181.57.216:443 111.13.101.208:443。当然，除了 Linkerd 官方支持的 namer，也可以定制具有特殊需求的 namer。

4.2.4　转换

某些情形下，对解析得到的 IP 地址和端口集合需要做进一步的转换，比如端口替换，地址过滤等，我们称该过程为转换。当前，Linkerd 通过在配置文件中 router 或者 namer 配置模块设置的 transformer 实现转换，比如上一章演示示例中我们将 transformer 设置为 io.l5d.port 和 io.l5d.localhost。如图 4-5 所示，当 transformer 为 io.l5d.port 时，解析所获取的 IP 地址和端口集合：192.168.1.12:39462 192.168.1.13:42251 的端口被替换为 4141，即 192.168.1.12:4141 192.168.1.13:4141。转换在整个 Linkerd 数据流中是可选的，取决于 Linkerd 的 router 或者 namer 是否配置 transformer 参数。

如图 4-5 所示，我们把从服务名字到客户端名字的转换，客户端名字解析为 IP 地址和端口的过程统称为名字解析。

4.2.5 负载均衡

完成名字解析后，Linkerd 会根据客户端配置的负载均衡算法选择最优应用节点或实例处理应用请求。由于 Linkerd 工作于 5 层，可充分利用 RPC 延迟及队列深度实现更加优秀、智能的负载均衡算法。当前 Linkerd 提供的负载均衡算法是基于应用请求的，获取请求的延时指标数据非常容易，通过这些数据，Linkerd 便可尽可能地将请求分发到延迟最低、性能最好的节点或实例上。关于 Linkerd 负载均衡器，主要包括两部分。

❑ 负载指标（load metric）：负载均衡器维护每个节点或者实例的负载指标数据。

❑ 分发器（distributor）：分发器根据负载指标数据将请求分发到哪个节点或者实例。

Linkerd 提供多种负载均衡器，你可根据实际需求选择一种或多种使用，而且它们都是经过长期产线验证，能最大限度地提高请求成功率和优化分发路径。下面分别介绍每种负载均衡器的优缺点。

❑ Heap + Least Loaded：基于最小堆实现的负载均衡器，其中分发器是最小堆，负载指标是最小负载。在最小堆中，每个节点维护所有未完成请求的数量信息，当负载均衡器将收到的请求分发到具体节点或实例后，数量增加，反之成功收到请求的响应后降低数量，数量越低，负载越小。无论何时，基于最小堆的特性，最小堆顶部总是负载最小的节点或实例，负载均衡器总是快速有效地选择最小堆顶部节点作为分发目标。但该负载均衡器的局限是堆顶层节点随着负载指标的变化而不断变化，当请求流量非常大时，这种更新非常频繁，而且要求更新非常快速和具有原子性操作，还有，最小堆为所有请求共享，是高度争用的资源，易产生资源争用问题，这使得在不牺牲其性能的情况下实现更复杂负载指标（如节点加权）非常困难。

图 4-6 中数值表示节点当前未完成请求数量，顶部节点数值最小，因此请求将被分发到顶部节点。

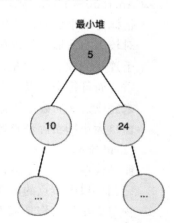

图 4-6 基于最小堆的负载均衡

❑ Power of Two Choices（P2C）+ Least Loaded：基于 P2C 的负载均衡器是 Linkerd 客户端默认负载均衡器，它的分发器是 P2C，负载指标仍然是最小负载，该负载均衡器解决 Heap + Least Loaded 的一些缺陷。跟 Heap + Least Loaded 一样，仍然会维护所有的节点或实例未完成请求的数量信息，数量越低，负载越小，而分发器 P2C 在选择将请求分发到节点或者实例时，随机从所有节点或实例中选择两个，最终以负载较小的一个节点或实例作为分发目标，重复地使用该负载均衡器，甚至可获取每个节点的负载上限。该负载均衡器算法主要优点是非常简单，而且完全并行，在常数级时间即可完成负载均衡器状态的更新（通过更新数组状态），因此相对其他算法（比如 Heap + Least Loaded），牺牲最小性能便可实现复杂负载指标（如节点加权等）。

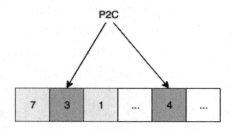

图 4-7　基于 P2C 的负载均衡

如图 4-7 所示，负载均衡器将分发请求到负载为 3 的节点。

❏ Power of Two Choices（P2C）+ Peak EWMA：仍然是基于 P2C 的负载均衡器，是 P2C+ Least Loaded 的 变 种， 其 中 P2C 是 分 发 器，Peak EWMA（Exponentially Weighted Moving Average）是负载指标。跟 P2C+ Least Loaded 不同的是，该负载均衡器维护请求的移动平均 RTT（round-trip time）时间，将移动平均 RTT 时间和节点或实例未完成请求的数量进行加权，加权后，数值越小的节点或实例更可能被选为分发目标。分发请求时仍然从所有节点或实例中随机选择两个，两者中加权后数值较小的一个被选择为分发目标。Peak EWMA 对延时峰值非常敏感，如发生 GC 暂停或者 JVM 预热时，节点或实例延时波动较大，此时 Peak EWMA 很快感知并调整相应负载数据，将少量或者没有请求分发到这些节点，以便这些较慢节点或实例有足够的时间恢复。

❏ Aperture + Least Loaded：基于 Aperture 的负载均衡器，分发器为 Aperture，负载指标为最小负载，适用于客户端发送请求数量相对较小，但后端节点或实例数量相对较多的情形，其旨在解决大规模节点环境下客户端跟后端节点会话时可能导致数千连接的建立，大量的连接一方面资源浪费，另一方面尾部延迟（tail latency）严重，而且每个节点并发率很低的问题。当然，该负载均衡器也维护节点或实例当前未完成请求的数量信息，数量越低，负载越小。通过设定一个较小的初始孔径窗口，窗口大小即实际节点数量，如图 4-8 所示窗口中节点的负载均分布于配置的负载带（load band）之间，当窗口中节点的负载低于负载带的下限，基于该负载均衡器暴露的简单反馈控制器，负载均衡器将缩小孔径窗口一个单位，即节点数量减一，反之当窗口中节点的负载高于负载带的上限将增大孔径窗口一个单位，整个调整孔径窗口大小的动作是基于简单反馈控制器动态实现的，无需外部干预。另外，分发器 Aperture 在分发请求时，从孔径窗口中选择负载最小的节点作为分发目标，而不是整个后端节点集合选择。由于孔径窗口只包含少量节点，这意味着较少的客户端和服务器连接，避免资源浪费，尾部延迟，还有，在低流量的情形下，可确保孔径窗口中的节点具有更高的连接重用率。

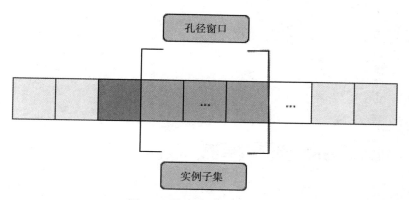

图 4-8　基于孔径的负载均衡

如果需要了解更多关于负载均衡的知识，可参考 Twitter 官方关于 Finagle 负载均衡（https://twitter.github.io/finagle/guide/Clients.html#load-balancing）的介绍。另外在官方文档中有提到 P2C + Peak EWMA 和 Aperture + Least Loaded 被用于处理一些 Twitter 公司的特定需求，可认为是处于试验状态，因此，如果没有特别的需求，尽量使用其他两种负载均衡器。

4.3　总结

首先，我们讲述 dtab 的工作原理及其语法规则，通过示例详细介绍 Linkerd 如何匹配 dtab，以什么样的顺序匹配，匹配什么时候结束等，以此加深大家对 dtab 的理解。其次，我们详细介绍 Linkerd 的数据处理流，主要包括如何鉴别应用请求，将其转换为服务名字；如何将服务名字转换为客户端名字；如何将客户端名字解析为 IP 地址和端口；最后介绍 Linkerd 提供的各种负载均衡算法及如何通过负载均衡器将应用请求分发到一个节点或实例进行处理。

Linkerd 部署模式

在前面章节我们已经介绍了如何部署 Linkerd，如何配置 Linkerd，Linkerd 的路由原理以及如何处理应用请求。或许大家已经发现在示例中 Linkerd 都是作为一个独立的进程运行在每台机器上。实际上，Linkerd 可以采用多种部署模式部署，比如 per-host 或者 sidecar 模式，即每台机器（无论是虚拟机还是物理机）部署一个 Linkerd 进程，或者将 Linkerd 与服务部署在一起，每个服务独享一个 Linkerd 进程，多个 Linkerd 进程同时运行在同一台机器上。Linkerd 作为高性能的 Service Mesh 工具，如何选择部署模式使得应用尽可能高效、稳定、快速地运行，这得以实际需求及动机作为出发点，不能一概而论。下面我们将介绍 Linkerd 的两种常用部署模式以及它们之间的区别，还有如何配置 Linkerd 以支持选择的部署模式。

5.1 Linkerd 部署模式

5.1.1 Per-host 模式

对 per-host 模式，如图 5-1 所示，Linkerd 作为独立的进程运行在每台机器（物理机或者虚拟机）上，服务所有运行在该机器上的服务实例，服务产生的流量都需经过 Linkerd，然后转发到远端

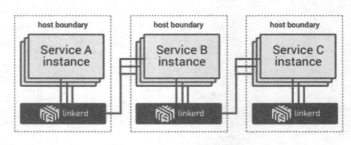

图 5-1 per-host 部署模式

目标服务。

5.1.2 Sidecar 模式

通常 sidecar 模式将 Linkerd 和服务部署在一起，如图 5-2 所示，每个服务独占一个 Linkerd，多个 Linkerd 进程可能同时存在于一台机器。

图 5-2 sidecar 部署模式

相对 per-host 模式，该模式适用于应用要求单个独立的 Linkerd 实例为其服务的情形。

5.1.3 Per-host 模式和 Sidecar 模式

既然部署 Linkerd 有两种模式供选择，那么我们基于什么样的准则、实际需求及动机来判断选择哪一种模式，为什么选择 per-host 模式，又为什么选择 sidecar 模式，我们需要做到胸有成竹，不能盲目地人云亦云。下面我们从多方面讨论选择 per-host 还是 sidecar 模式。

- ❏ 资源：从资源使用率来考虑如何选择 Linkerd 的两种部署模式，对 per-host 模式，Linkerd 将服务运行在机器上的所有服务实例，这需要分配大量资源供 Linkerd 处理高并发请求。而 sidecar 模式 Linkerd 只服务于单个服务，因此按需分配即可。
- ❏ 关联性：per-host 模式下所有应用实例都将依靠 Linkerd 进行业务处理，关联程度高，而 sidecar 模式每个服务独占一个 Linkerd，多个服务之间没有直接关联，高度独立。
- ❏ 职责单一性：per-host 模式下 Linkerd 服务运行在机器上的所有服务实例，配置不同的 Linkerd 配置使其服务不同服务，即单个 Linkerd 做多件事，但是对于 sidecar 模式，一个 Linkerd 服务一个服务，即 Linkerd 只做一件事。
- ❏ 可维护性：per-host 模式多个服务都需依赖 Linkerd，因此给维护带来一定的挑战，比如升级 Linkerd 时将会影响机器上所有服务，影响范围大。对 sidecar 模式，则不存在这样的问题，升级维护时只影响单一服务。
- ❏ 隔离性：per-host 模式多个服务之间隔离性低，牵一发动全身，一旦 Linkerd 出现问题，将影响所有服务，另外，如果使用 Linkerd 提供的 TLS 端到端加密功能，所有服务只能使用相同证书，不能每个服务使用独立的证书。而 sidecar 模式，服务之间相互隔离，每个服务可以使用独立的证书，这使得影响域更小，依赖更少，方便服务以及 Linkerd 本身运维，灵活性高。

❑ 复杂性：per-host 模式实现简单，而 sidecar 模式，如果没有 Kubernetes 这样的平台作支持，管理多个 Linkerd 实例则相对复杂。

5.2 配置模型

无论选择 per-host 还是 sidecar 模式，都需要对 Linkerd 做相应的配置使得 Linkerd 和服务之间相互通信。Linkerd 提供各种高级功能，如服务发现、熔断、端到端 TLS 加密等，但是 Linkerd 配置模型决定你能使用哪些功能，比如端到端 TLS 加密需要 linker-to-linker 模型，因此理解 Linkerd 配置模型有助于实际环境中决定选择哪种配置模型。Linkerd 支持 3 种配置模型：service-to-linker、linker-to-service、linker-to-linker。

5.2.1 service-to-linker 模型

service-to-linker 模型如图 5-3 所示。

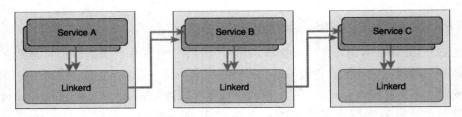

图 5-3 service-to-linker 模型

该模型服务将请求路由到本地 Linkerd，然后本地 Linkerd 将请求转发到远端目标服务实例，此时 Linkerd 除了是 client-side 负载均衡器，还提供它支持的各种功能。从服务的角度来看，它的请求是通过本地 Linkerd 转发出去，而不是直接发送到目标服务，因此 Linkerd 所对应的路由器我们称之为 outgoing router，一个简单的 outgoing router 配置如：

```
routers:
- protocol: http
  label: outgoing
  dtab: |
    /consul => /#/io.l5d.consul/dc1;
    /host   => /consul;
    /svc    => /$/io.buoyant.http.subdomainOfPfx/service.consul/host;
  interpreter:
    kind: default
#   transformers:
#   - kind: io.l5d.port
#     port: 4141
  httpAccessLog: /tmp/access_outgoing.log
  servers:
  - port: 4140
    ip: 0.0.0.0
```

　　由于 Linkerd 直接将请求转发到目标服务，通常无需配置 transformer 对 interpreter 解析到的 IP 地址和端口集合进行转化。

　　service-to-linker 模型相对简单，也是最常用的一种配置模型。接下来我们通过配置该模型使得 Linkerd 作为 Service Mesh 工具实现第 3 章示例应用之间的通信，首先准备 Linkerd 配置文件 linkerd.yml 如：

```
admin:
  port: 9990
  ip: 0.0.0.0

namers:
- kind: io.l5d.consul
  prefix: /io.l5d.consul
  host: 127.0.0.1
  port: 8500
  includeTag: false
  setHost: false
  useHealthCheck: true

routers:
- protocol: http
  label: outgoing
  dtab: |
    /consul => /#/io.l5d.consul/dc1;
    /host   => /consul;
    /svc    => /$/io.buoyant.http.subdomainOfPfx/service.consul/host;
  interpreter:
    kind: default
  httpAccessLog: /tmp/access_outgoing.log
  servers:
  - port: 4140
    ip: 0.0.0.0

telemetry:
- kind: io.l5d.recentRequests
  sampleRate: 0.01

usage:
  enabled: false
```

该配置文件存放于 /vagrant，执行如下命令启动 Linkerd：

```
# docker run -d --name linkerd --network host -v /vagrant/linkerd.yml:/linkerd.yml buoyantio/linkerd:1.3.6 /linkerd.yml
```

　　其他服务可根据第 3 章表 3-1 的信息进行部署，启动脚本存于 /vagrant 目录，完成 Linkerd 和服务启动后，执行如下命令查询用户 tom 所预定演唱会及演唱会详细信息：

```
# curl -s http://192.168.1.11:59486/users/tom/bookings | jq
```

```
{
  "tom": [
    {
      "date": "2018-04-02 20:30:00",
      "concert_name": "The best of Andy Lau 2018",
      "singer": "Andy Lau",
      "location": "Shanghai"
    }
  ]
}
```

跟第 3 章不同的是，UserService 与 BookingService 和 ConcertService 之间数据访问流发生变化，具体如图 5-4 所示。

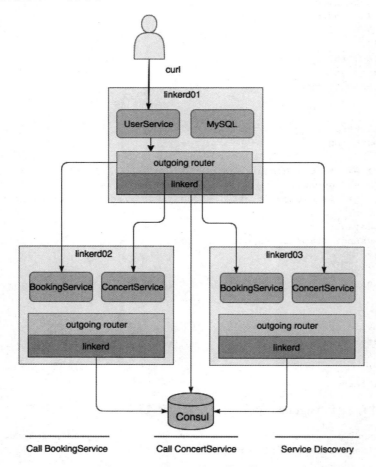

图 5-4　service-to-linker 模型数据流

请求将由 Linkerd 的 outgoing router 直接转发到目标服务，而不再流经与目标服务运行在同一台机器的 Linkerd。

5.2.2　linker-to-service 模型

linker-to-service 模型如图 5-5 所示。

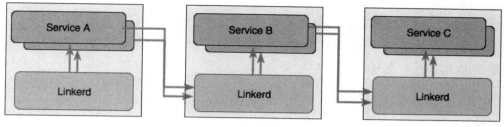

图 5-5　linker-to-service 模型

跟 service-to-linker 不同的是，该模型服务既不是把请求转发到本地 Linkerd，也不是把请求直接转发给远端目标服务，而是将请求转发到远端 Linkerd 的 incoming router，Linkerd 再转发请求到目标服务，此时，目标服务接收 Linkerd 转发的请求并处理。在请求被转发到远端 Linkerd 的 incoming router 之前，需要将 Linkerd 注册到服务注册中心，以方便查询，同时为了保证 Linkerd 与服务运行在一起，Linkerd 最好以 sidecar 模式部署，当然这并不是强制要求。然后请求发起方将请求发送到已注册到服务中心的 Linkerd，收到应用请求的 Linkerd 将其转发给本地目标服务进行处理。相比 service-to-linker，linker-to-service 损失 Linkerd 的所有客户端优势，如 client-side 的负载均衡，但是能获取更多服务运行时指标，诸如请求数量、时延直方图等，其配置如：

```
routers:
- protocol: http
  label: incoming
  servers:
  - port: 4141
    ip: 0.0.0.0
  dtab: |
    /svc => /$/inet/127.1/8080;
```

对于上述配置，当服务请求发到 Linkerd 的 4141 端口后，Linkerd 将请求转发给本地 8080 端口所对应的服务，需要注意的是如果此时 Linkerd 采用非 sidecar 模式部署，那么一台机器只能运行一个 8080 端口对应的服务，否则会端口冲突。通常该模型跟 service-to-linker 一起使用，即 linker-to-linker 很少单独使用。

接下来我们在通过配置该模型使得 Linkerd 作为 Service Mesh 工具实现第 3 章示例应用之间的通信时，采用 sidecar 模式部署 Linkerd，将示例服务与 Linkerd 部署在一起。首先，需要重新构建示例服务的 Docker 镜像以实现示例服务与 Linkerd 同时部署，新的 Docker 镜像版本号为 1.1，关于构建新的 Docker 镜像请参考示例源码，其包括相应的 Dockerfile 和启动脚本。另外，与第 3 章不同的是，启动相应示例服务时无需将其注册到 Consul，而是将 Linkerd 注册到 Consul。还有，服务间访问配置信息也发生变化，比如 UserService 访问 BookingService 和 ConcertService 的配置信息为：

```
BOOKING_SERVICE_ADDR=booking.linkerd.service.consul:4142
CONCERT_SERVICE_ADDR=concert.linkerd.service.consul:4143
```

通过服务标签如 booking 或者 concert 和端口将请发送到相对应的 Linkerd 实例。其中 UserService 的启动脚本 launchUser.sh 如下：

```bash
#!/bin/bash

# 由于 linkerd 作为 sidecar，与 user 服务部署在一起，
# 需注册 linkerd 到 Consul，所有 linkerd 均以相同名字 linkerd 注册，
# 使用端口及标签分辨 linkerd 服务于哪种服务，演示环境中，
# 约定 4141=>user 服务,4142=>booking 服务,4143=>concert 服务
SERVICE_NAME=linkerd
SERVICE_TAG=user
DOCKER_NAME=$SERVICE_TAG-$(cat /dev/urandom | head -n 10 | md5sum | head -c 10)
IP=$(ip addr show | grep eth1 | grep inet | awk '{print $2}' | cut -d'/' -f1)

# user 服务配置信息，可通过环境变量或 JSON 文件进行配置
DBNAME=demo
DBUSER=test
DBPASSWORD=pass
DBENDPOINT=mysql.service.consul:3306
# user 服务访问 booking 和 concert 服务时使用如下地址，
# [tag].[service-name].service.consul
BOOKING_SERVICE_ADDR=booking.linkerd.service.consul:4142
CONCERT_SERVICE_ADDR=concert.linkerd.service.consul:4143

# 启动 user 服务，并将 linkerd 通过 Registrator 注册到 Consul
docker run -d \
    -p 4141:4141 \
    -p 62000:8180 \
    --dns $IP \
    --name $DOCKER_NAME \
    --env DBNAME=$DBNAME \
    --env DBUSER=$DBUSER \
    --env DBPASSWORD=$DBPASSWORD \
    --env DBENDPOINT=$DBENDPOINT \
    --env BOOKING_SERVICE_ADDR=$BOOKING_SERVICE_ADDR \
    --env CONCERT_SERVICE_ADDR=$CONCERT_SERVICE_ADDR \
    --env SERVICE_4141_NAME=$SERVICE_NAME \
    --env SERVICE_TAGS=$SERVICE_TAG \
    --env SERVICE_8180_IGNORE=true \
    --volume $PWD/linkerd-user.yml:/linkerd.yml \
    zhanyang/user:1.1
```

脚本定义如何启动和注册 Linkerd 及 UserService 本身，更多具体配置信息可参考 /vagrant

目录下启动脚本。

　　除此之外，需要为每个服务准备相应的 Linkerd 配置文件：linkerd-user.yml、linkerd-booking.yml、linkerd-concert.yml，每个服务独享一个配置文件，其中 linkerd-user.yml 如：

```
admin:
  port: 9990
  ip: 127.0.0.1

routers:
- protocol: http
  label: incoming
  servers:
  - port: 4141
    ip: 0.0.0.0
  dtab: |
    /svc => /$/inet/127.1/8180; # UserService 监听 8180 端口

telemetry:
- kind: io.l5d.recentRequests
  sampleRate: 0.01

usage:
  enabled: false
```

　　如配置所述，此时 Linkerd 没有配置任何 namer 的信息，不再以 Consul 作为它的服务发现工具，因此 Linkerd 不会跟 Consul 有直接交互，只是通过 Registrator 将其自己注册到 Consul，使得 linker-to-service 模型中服务间通信时通过 Consul 查询 Linkerd 服务，并将请求发送给查询到的 Linkerd 实例之一，同时转发给目标服务进行处理。而 BookingService 和 ConcertService 的 Linkerd 配置文件 linkerd-booking.yml 和 linkerd-concert.yml 除 dtab 和端口不一样外，余下配置跟 linkerd-user.yml 相同，其中最主要的不同即它们监听的端口不一样。如何构建演示环境参考第 3 章相应内容，依赖的相关脚本及配置存放于 /vagrant 目录，完成演示环境部署后仍然执行如下命令查询用户 tom 所预定演唱会及演唱会详细信息：

```
# curl -s http://192.168.1.11:62000/users/tom/bookings | jq
{
  "tom": [
    {
      "date": "2018-04-02 20:30:00",
      "concert_name": "The best of Andy Lau 2018",
      "singer": "Andy Lau",
      "location": "Shanghai"
    }
  ]
}
```

　　输出信息依然相同，但此时 UserService 与 BookingService 和 ConcertService 之间数据访问流又发生变化，具体如图 5-6 所示。

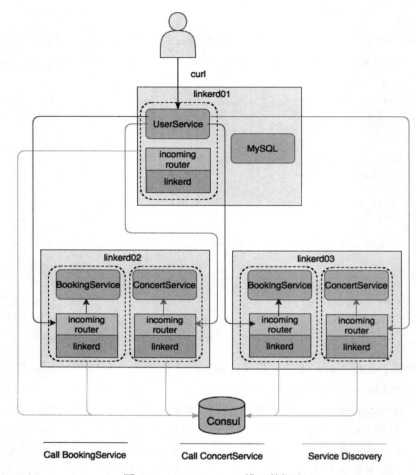

图 5-6　inker-to-service 模型数据流

如图 5-6 所示 incoming router 收到服务请求后，然后再把请求转发到与其运行在同一机器（容器）上的服务实例处理，即 BookingService 或 ConcertService。实际上，此时请求发起方并不知道接收方是谁，而是通过 Linkerd 来实现，Linkerd 知道将服务请求发送到何方。

5.2.3　linker-to-linker 模型

linker-to-linker 模型如图 5-7 所示。

linker-to-linker 模式综合了 service-to-linker 和 linker-to-service 的优点，既可以保证 Linkerd 客户端提供的各种好处，也能获取更多更详细的运行时指标，服务与服务之间的调用都将经过 Linkerd。该模型要求 Linkerd 配置两个路由器，一个是 outgoing router，另一个是 incoming router，outgoing router 处理输出请求，而 incoming router 处理输入请求。为

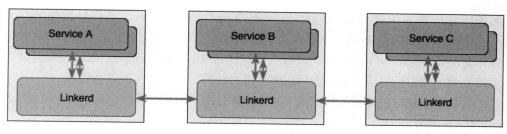

图 5-7 linker-to-linker 模型

了方便实现该模型，Linkerd 提供几种常用的 transformer 协助实现，如 io.l5d.port，它将 interpreter 解析获取地址的端口替换为指定的端口，比如 incoming router 的端口，这使得无需将 incoming router 所在的 Linkerd 注册到服务发现中心，outging router 便可将请求转发到远端 Linkerd 的 incoming router，然后由 Linkerd 再将请求转发给目标服务。第 3 章提供的演示示例就是一个典型的 linker-to-linker 模型，其配置如下：

```
routers:
- protocol: http
  label: outgoing
  dtab: |
    /consul => /#/io.l5d.consul/dc1;
    /host   => /consul;
    /svc    => /$/io.buoyant.http.subdomainOfPfx/service.consul/host;
  interpreter:
    kind: default
    transformers:
    - kind: io.l5d.port
      port: 4141
  httpAccessLog: /tmp/access_outgoing.log
  servers:
  - port: 4140
    ip: 0.0.0.0

- protocol: http
  label: incoming
  dtab: |
    /consul => /#/io.l5d.consul/dc1;
    /host   => /consul;
    /svc    => /$/io.buoyant.http.subdomainOfPfx/service.consul/host;
  interpreter:
    kind: default
    transformers:
    - kind: io.l5d.localhost
  servers:
  - port: 4141
    ip: 0.0.0.0
```

配置中比较重要的部分是 outgoing router 的 transformer 配置,其将解析到的 IP 地址和端口集合的端口替换为 4141,这其实是 incoming router 的端口,然后请求被转发到该端口,收到请求后 incoming router 又将进行解析过程,然后 transformer 过滤掉与本机 IP 地址不匹配的服务实例,最后请求被转发到匹配本机地址的目标服务实例进行处理。

自此,我们通过实例演示如何配置 Linkerd 提供的三种配置模型,希望对大家深入理解 Linkerd 部署模式有帮助。

5.3 总结

通过学习本章内容,大家可以明白什么时候选择 per-host 和 sidecar 模式,针对所选择的部署模式,根据实际应用需求决定是配置 service-to-linker、linker-to-service 还是 linker-to-linker。

Linkerd 控制层：Namerd

通过前面章节的学习，现在大家已经具备独立选择什么样的模型部署 Linkerd，然后根据实际需求选择一种或多种配置模型配置 Linkerd 的能力。通常来说，这已足够，但大家可能会有以下问题。

❏ 如何管理多个 Linkerd 实例的配置？

❏ Linkerd 与我们即将讲解的 Namerd 是什么关系？

❏ 作为 Service Mesh 工具，Linkerd 如何实现动态路由？如何帮助实现蓝绿部署、金丝雀部署？

❏ Linkerd 支持热重启吗？

❏ 如果每个 Linkerd 直接与后端服务发现工具连接，在大规模产线运行环境中是否给后端服务发现工具造成巨大压力？

对这些问题，我们需要从 Servie Mesh 的另一层面即控制平面层角度来回答，本章后续内容将详细介绍 Linkerd 的控制平面层 Namerd，然后逐一回答这些问题。

6.1　Namerd 简介

回顾第 1 章的内容，我们在讲述什么是 Service Mesh 时已阐明 Service Mesh 通常由两部分构成。

❏ 数据平面层（data plane）：负责将应用请求可靠地交付到复杂网络、复杂拓扑环境中的目标服务。

❏ 控制平面层（control plane）：控制服务间如何通信，以什么样的规则将应用请求交付到目标服务。

本章之前，我们主要讲述 Linkerd 的数据平面层，即如何将请求路由到目的地址。从本章开始将从 Linkerd 的数据平面层和控制平面层即 Namerd 两方面阐述 Service Mesh 给运维人员、开发人员以及对业务逻辑带来哪些实实在在的好处，如何利用这些好处提高开发和运维效率。作为 Linkerd 的控制平面层，Namerd 负责定义及管理策略，以中心化的方式统一管理整个基础设施层服务间如何通信，通过什么样的规则将应用请求交付到目标服务。本质上即 Namerd 把数据平面层 Linkerd 提供的离散、独立的功能剥离出来，以中心化的方式进行配置管理，从分散变为集中，方便管理和维护，其主要特点如下。

- ❑ 中心化管理和存储路由规则 dtab：分散在多个 Linkerd 实例配置文件中的 dtab 路由规则存放到 Namerd 支持的特定后端存储，Linkerd 通过 Namerd 提供的接口读取远端 dtab 并进行名字解析。目前，Namerd 支持将 dtab 规则存储到内存，键值存储系统如 Consul、Zookeeper、Etcd，以及通过 ThirdPartyResource API 的方式将 dtab 存储到 Kubernetes。除此之外，还可通过 Namerd 的 CLI 或者 API 实现中心化 dtab 管理，无需再关注每个 Linkerd 实例。
- ❑ 中心化管理服务发现配置：Namerd 支持所有 Linkerd 支持的 namer，配置参数没有任何改变，需要注意的是当 Linkerd 和 Namerd 都配置 namer 信息时，Namerd 配置的 namer 具有更高优先级，这意味着即使 Linkerd 配置了 namer 信息，在进行名字解析时仍然会对其忽略不计。
- ❑ 全局路由策略管理：全局路由策略管理使得管理员无需关注具体 Linkerd 实例，将变更影响缩小到 Namerd，无需重启具体 Linkerd 实例就可让更改生效，避免服务的中断。
- ❑ 支持运行时动态路由：通过 Namerd 的 CLI 或者 API 运行时动态修改 dtab 路由规则，可实现蓝绿部署、金丝雀部署、跨数据中心 failover/failback 等高级操作。
- ❑ 提供 API 暴露 Namerd 管理接口：通过 Namerd 暴露的 API 管理接口，不但管理 dtab 路由规则容易，甚至很方便地跟第三方系统进行集成实现自动化管理。

6.2　Namerd 和 Linkerd

在前面章节内容中，我们采用图 6-1 左边所示的 Linkerd 部署架构，所有 Linkerd 实例与服务发现工具 Consul 直接连接。如果使用 Namerd 之后，如图 6-1 右边所示部署架构 Linkerd 不再连接服务发现工具，而是连接 Namerd，通过 Namerd 与后端服务发现工具和 dtab 存储工具进行通信，降低 Linkerd 与后端服务发现工具直连带来的潜在性能影响。

如图 6-1 所示，我们对两种不同部署的架构总结如下。

- ❑ 未使用 Namerd 时，所有 Linkerd 实例都将与服务发现工具直接连接，由于每个 Linkerd 实例都有一条与服务发现工具间的长连接，通过该长连接与服务发现工具进行实时同步服务信息，保证 Linkerd 通过服务发现工具获取的都是最新、健康的服务实例。但是，如果在大型运行环境中，大量的连接可给后端服务发现工具产生很大的压力，随后带来性能影响，导致查询服务响应缓慢。而使用 Namerd 之后，所有 Linkerd 实例跟 Namerd 进行通信获取服务和 dtab 信息，无需直接与服务发现工具进行通信，由于只有少量 Namerd 实例与服务发现工具通信，因此不会给后端服务发现工具产生很大负载压力。同时，Namerd 支持缓存机制，即在进行名字解析时，如果Namerd 本地缓存已有即将查询服务的信息，则无需每次都查询后端服务发现工具，这进一步减少与服务发现工具的负载压力。还有，Namerd 的这种缓存机制使得即使后端服务发现工具中断时，其本地缓存中存储的服务信息可暂时保证应用正常通信，避免因后端服务发现工具的中断导致应用受到影响。

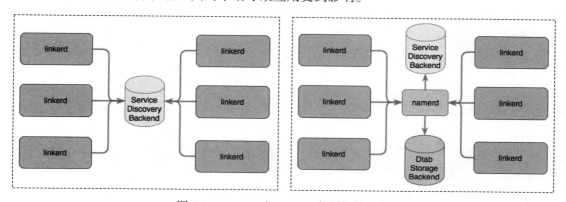

图 6-1　Namerd 和 Linkerd 部署架构比较

❑ 另外，未使用 Namerd 时，所有 Linkerd 实例的 dtab 路由规则都是写死在本地配置文件中，这使得当 dtab 路由规则变动时，需要重启 Linkerd 才能使其生效，由于Linkerd 暂时不支持热重启，因此重启操作导致服务短暂中断。还有，重启操作将在整个基础设施层执行，而不是单个 Linkerd 实例，如果在大型运行环境中，需要采用滚动重启法，使得重启过程相当漫长，而且比较复杂。虽然社区也有开发人员建议实现像 Envoy 一样支持热重启的功能，但 Linkerd 官方认为通过热重启加载新配置并不是一种完美的配置生命周期管理方式，而且实现复杂，因此目前并未计划实现这一机制，而是通过 Namerd 实现上述需求。这种方式的好处在于 Namerd 作为中心控制层管理所有 Linkerd 实例的 dtab 规则以及服务发现机制，以统一的方式管理dtab 路由规则，更新 dtab 路由规则后 Linkerd 通过 Namerd 提供的接口获取最新信息，无需重启 Linkerd 实例，进而避免服务中断。

❑ 最后，使用 Namerd 后，可以通过其提供的 API 和 CLI 工具动态地调整 dtab 路由规则，以此实现运行时流量的动态切换，蓝绿部署，金丝雀部署等，所有这些操作都在 Namerd 上实现，无需对单个 Linkerd 实例有任何重启或改变动作。

6.3　Namerd 配置详解

Namerd 的配置信息定义如何运行、存储和管理 Linkerd 路由规则 dtab 信息，以及 Linkerd 如何通过 Namerd 的配置信息连接到 Namerd 进行名字解析。同 Linkerd 配置一样，Namerd 采用 YMAL 或者 JSON 格式进行配置，即可通过命令行参数传入配置文件，也可从标准输入读取。Namerd 主要配置如图 6-2 所示。

主要包括以下几方面：

❑ admin
❑ interface
❑ storage
❑ namer

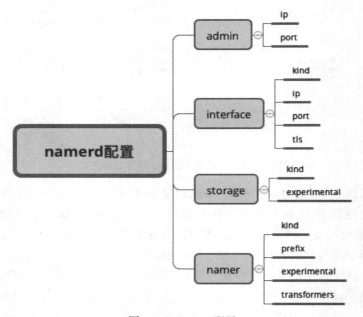

图 6-2　Namerd 配置

6.3.1　admin 配置

admin 配置 Namerd 的管理接口信息，包括 IP 地址和端口，默认管理接口 IP 地址是 loopback 地址，监听端口为 9991，为了方便访问 Namerd 管理界面，最好将管理接口 IP 地址改为 0.0.0.0，如：

```
admin:
  ip: 0.0.0.0
  port: 9991
```

Namerd 的管理接口提供类似 Linkerd 的管理接口提供的功能，通过 Namerd 的管理界面，不但可以进行 dtab 测试，而且可查看相应运行时指标，管理界面如图 6-3 所示。

包括 Namerd 所管理的所有命名空间，每个命名空间对应特定的 dtab 规则，点击命名空间即可查看。

图 6-3　Namerd 管理界面

6.3.2　interface 配置

interface 配置定义 Linkerd 如何连接到远端 Namerd 并使用存储在后台存储中的 dtab 路由规则以及所配置的 namer 进行名字解析，无需将 dtab 写死在 Linkerd 配置文件中，还可以使用 Namerd 提供的命令行管理工具 namerctl 和 API 接口实现动态更新 dtab，更不用担心重启 Linkerd 带来的潜在服务中断。目前 Namerd 提供三种可配置的 interface：

❏ Thrift Name Interpreter
❏ gRPC Mesh Interface
❏ Http Controller

本质上三种 interface 对应三种不同的通信协议：ThriftMux、gRPC 和 HTTP，从功能来说，三种协议都能实现实时从后端存储获取 dtab 信息的目的，但由于不同协议的特性差异使得它们三者有些性能的差异。配置 interface 时，首先指定 interface 的类型，目前 Namerd 提 供 三 种 类 型 即 io.l5d.thriftNameInterpreter、io.l5d.mesh 和 io.l5d.httpController 供选择，然后从 interface 的通用配置参数和协议特定参数两方面入手。对通用配置参数，包括 interface 对应的 IP 地址和监听端口，如若使用 TLS 加密通信，还需配置相关证书信息，另外，需注意的是这些通用配置都是协议无关的，上述三种 interface 均可配置。另一方面，一些 interface 使用的协议可支持额外配置协议相关的参数，比如 io.l5d.thriftNameInterpreter，可配置缓存提高性能。

❏ Thrift Name Interpreter：基于 ThriftMux 协议的只读 interface，即只能从后端存储读取 dtab 信息，不能进行更改。默认该 interface 的运行 IP 地址为 loopback 地址，监听端口为 4100.

```
# 省略 TLS 配置
```

```
interfaces:
- kind: io.l5d.thriftNameInterpreter
  ip: 0.0.0.0
  port: 4100
  cache:
    bindingCacheActive: 2000
    bindingCacheInactive: 500
    addrCacheActive: 2000
    addrCacheInactive: 500
```

❑ gRPC Mesh Interface：基于 gRPC 协议的 interface，也是只读 interface。默认该 interface 的 IP 地址为 loopback 地址，监听端口为 4321。

```
interfaces:
- kind: io.l5d.mesh
  ip: 0.0.0.0
  port: 4321
```

❑ Http Controller：基于 HTTP 协议的 interface，跟 Thrift Name Interpreter 和 gRPC Mesh Interface 不同的是，该 interface 可对后端存储进行读写操作。默认该 interface 的 IP 地址也为 loopback 地址，监听端口为 4180。由于该 interface 具有写功能，因此它除了提供名字解析功能之外，还提供了丰富的接口使得可通过 CLI 工具 namerctl（https://github.com/linkerd/namerctl）和 API 管理 dtab 路由规则，通常该 interface 跟其他两 interface 同时使用。

```
interfaces:
- kind: io.l5d.httpController
  ip: 0.0.0.0
  port: 4180
```

除了 Namerd 提供的这些内置 interface，也可根据实际需求实现定制化的 interface，具体参考 Finagle 的 NameInterpreter（https://twitter.github.io/finagle/docs/com/twitter/finagle/naming/NameInterpreter$.html）。

 注意 Linkerd 工程师建议在 Linkerd 和 Namerd 协同工作时使用 gRPC Mesh Interface 获取高稳定性以及高性能。

6.3.3 storage 配置

Namerd 提供多种存储机制用于存储和检索 dtab 路由规则，主要包括：

❑ In Memory

❑ Kubernetes

❑ Consul

❑ Zookeeper

❑ Etcd

存储机制的选择取决于实际需求以及其他因素，比如测试环境可选择 In Memory 机制，方便测试及验证，但不建议在产线环境使用。而在产线环境时，Consul、Zookeeper 和 Kubernetes 是更好的选择，这些存储机制使得 Namerd 可获得高可用及高稳定性。因此在配置 Namerd 存储机制时，需指定存储机制的类型，如：

- ❑ io.l5d.inMemory
- ❑ io.l5d.k8s
- ❑ io.l5d.zk
- ❑ io.l5d.etcd
- ❑ io.l5d.consul

与 interface 不同的是 Namerd 只能选择一种类型的存储机制配置，而且针对不同类型的存储机制，其配置参数可能不同，具体可参考官方文档（https://linkerd.io/config/1.3.6/namerd/index.html#storage），这里以 Consul 存储机制作为例子，配置连接 Consul 的信息，如 IP 地址、端口以及键值路径、Consul 数据中心等信息。

```
storage:
  kind: io.l5d.consul
  host: 127.0.0.1
  port: 8500
  pathPrefix: /namerd/dtabs
  datacenter: dc1
```

6.3.4　namer 配置

由于 Namerd 支持 Linkerd 所提供的所有 namer 用于服务发现，因此关于 namer 的配置可参考第 3 章 3.4.3 节，在此不再重复。

6.4　连接 Linkerd 和 Namerd

通过上述介绍，我们已明白如何配置 Namerd，接下来演示 Namerd 如何管理 Linkerd 的 dtab 路由规则和服务发现工具配置。运行环境如虚拟机、Docker、Consul、服务等的部署参考前面章节，而且在 Namerd 之前必须启动，相关启动脚本及配置信息存放在 /vagrant 目录，登入虚拟机后即可查看。

6.4.1　准备 Namerd 配置文件

如上所述我们需要为 Namerd 配置 interface、storage 和 namer 等信息，具体如下：

```
admin:
  ip: 0.0.0.0
  port: 9991
```

```
storage:
  kind: io.l5d.consul
  host: 127.0.0.1
  port: 8500
  pathPrefix: /namerd/dtabs
  datacenter: dc1

namers:
- kind: io.l5d.consul
  prefix: /io.l5d.consul
  host: 127.0.0.1
  port: 8500
  includeTag: false
  setHost: false
  useHealthCheck: true

interfaces:
- kind: io.l5d.mesh              # Linkerd 通过该接口与 Namerd 通信进行名字解析
  ip: 0.0.0.0
  port: 4321
- kind: io.l5d.httpController    # 通过该接口实现与 Namerd 的 HTTP API 通信
  ip: 0.0.0.0
  port: 4180
```

这里我们选择 Consul 作为 Namerd 的后端存储,而且 dtab 将被存储于 /namerd/dtabs 目录。namer 部分配置如前面章节 Linkerd 的 namer 配置,照搬到 Namerd 配置。还有我们配置了两种类型的 interface,gRPC Mesh Interface 和 Http Controller,其中 Linkerd 通过 gRPC Mesh Interface 与 Namerd 通信进行名字解析,而命令行工具 namerctl 和 API 主要通过 Http Controller 与 Namerd 进行通信。

6.4.2 启动 Namerd

一旦完成配置文件准备工作,便可启动 Namerd 服务,这里我们约定 Namerd 将运行在 linkerd01 虚拟机上。登入 linkerd01 机器,切换到目录 /vagrant 执行如下命令启动 Namerd:

```
# bash launchNamerd.sh
```

其内容如:

```
#!/bin/bash

SERVICE_NAME=namerd
IP=$(ip addr show | grep eth1 | grep inet | awk '{print $2}' | cut -d'/' -f1)

docker run -d \
    -p 4321:4321 \
```

```
            -p 9991:9991 \
            -p 4180:4180 \
    --name namerd \
    --network host \
    --env IP=$IP \
    --env SERVICE_4321_NAME=$SERVICE_NAME \
    --env SERVICE_9991_IGNORE=true \
    --env SERVICE_4180_IGNORE=true \
    --volume $PWD/namerd.yml:/namerd.yml \
    buoyantio/namerd:1.3.6 /namerd.yml

# wait Namerd service ready
sleep 10

./namerctl dtab \
   create demo $PWD/demo.dtab \
   --base-url http://namerd.service.consul:4180
```

该脚本启动 Namerd 容器，注册 Namerd 服务到 Consul，然后通过 namerctl 创建 dtab 规则。启动完成后可通过 Namerd 的健康检测 URL 验证是否启动成功：

```
# curl localhost:9991/admin/ping
pong
```

如果返回 pong 即表示 Namerd 成功启动，否则失败。如果我们在启动 Namerd 之前注释掉 launchNamerd.sh 中创建 dtab 部分代码：

```
./namerctl dtab \
      create demo $PWD/demo.dtab \
      --base-url http://namerd.service.consul:4180
```

启动后登入 Namerd 管理页面可看到如图 6-4 所示的输出。

图 6-4　Namerd 管理界面未发现 namespace 信息

提示未发现可用命名空间，即未创建 dtab 路由规则。正常情况下，即成功创建 dtab 路由规则后在 Namerd 管理界面选择某个命名空间后，会显示 dtab 详细信息。

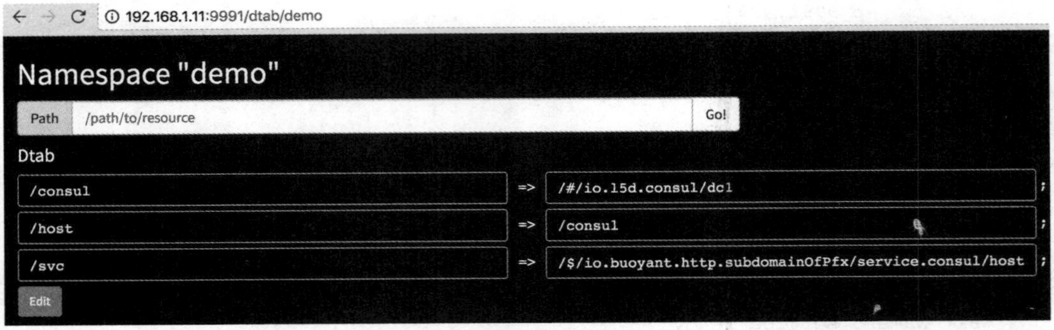

图 6-5　Namerd 管理界面 namespace 信息

　　图 6-5 显示命名空间 demo 对应的 dtab 信息，而且可在输入框输入逻辑路径进行 dtab 演示，如同在 Linkerd 的管理界面一样。除了从 Namerd 管理页面和通过 API 查看它的命名空间对应的 dtab 规则，我们也可从 Namerd 后端存储查看，比如命名空间 demo 的 dtab 信息，在后端存储 Consul 中以键值对形式存储，通过 Consul 提供的命令行工具或者 API 均可查询到，如在 Consul Server 中查询结果为：

```
# docker exec server consul kv get /namerd/dtabs/demo
/consul=>/#/io.l5d.consul/dc1;/host=>/consul;/svc=>/$/io.buoyant.http.
subdomainOfPfx/service.consul/host
```

　　至此，完成 Namerd 的启动。

6.4.3　准备 Linkerd 配置文件

　　在 Namerd 启动后，我们需要重新配置 Linkerd 使其连接到 Namerd 进行名字解析，新的 Linkerd 配置文件需要调整如下几个地方。

❑ 移除 namer 配置块。

❑ interpreter 配置块的类型不能配置为 default，而是 io.l5d.namerd、io.l5d.namerd.http、io.l5d.mesh 之一，分别对应 Namerd 支持的 interface：Thrift Name Interpreter，Http Controller 和 gRPC Mesh Interface，本文将 interpreter 配置为 io.l5d.mesh，即 gRPC Mesh Interface。

❑ 移除 dtab 配置块。

　　所有移除部分配置将由 Namerd 提供，此时 Linkerd 配置 linkerd.yml 为：

```
admin:
  port: 9990
  ip: 0.0.0.0

routers:
- protocol: http
  label: outgoing
```

```
interpreter:
  kind: io.l5d.mesh
  dst: /$/inet/namerd.service.consul/4321
  root: /demo
httpAccessLog: /tmp/access_outgoing.log
servers:
- port: 4140
  ip: 0.0.0.0

telemetry:
- kind: io.l5d.recentRequests
  sampleRate: 0.01

usage:
  enabled: false
```

新的配置相对更加简洁，其中最明显的是 interpreter 部分配置，类型配置为 io.l5d.mesh，即 gRPC Mesh Interface，还有连接 Namerd 的地址及端口，以及 dtab 所在路径 /demo，实际上是 dtab 的命名空间。

6.4.4 启动 Linkerd

在每台机器上执行如下命令即可启动 Linkerd 服务：

```
# docker run -d --name linkerd --network host -v /vagrant/linkerd.yml:/linkerd.yml buoyantio/linkerd:1.3.6 /linkerd.yml
```

一旦成功启动 Linkerd 后，我们可以在 Linkerd 管理界面看到我们存储在 Consul 中的 dtab，实质上是 Linkerd 通过 Namerd 从 Consul 中读取的。另外，Namerd 命名空间对应的 dtab 需要跟 Linkerd 的一个或多个 router 进行关联，否则 Linkerd 不知道后端 Namerd 所维护的 dtab，如我们配置 interperter 的 root 为 /demo，即标识为 outgoing 的 router 跟命名空间 demo 关联。

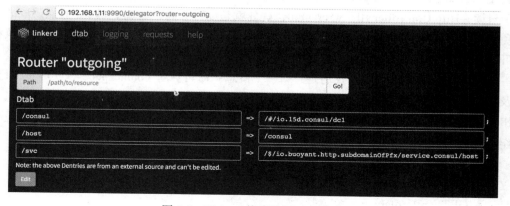

图 6-6 Linkerd 管理界面 dtab 信息

验证 Linkerd 成功启动后，我们将在新的演示环境部署示例服务并验证是否正常工作。

6.4.5 示例演示

示例服务的部署在此就不再累述，参考前面章节即可完成。在完成相关示例服务的启动后，我们依然执行如下命令通过 UserService 服务的接口 GET /users/{user_id}/bookings 查询用户 tom 所预定演唱会及演唱会详细信息的调用是否正常工作：

```
# curl -s http://192.168.1.11:45964/users/tom/bookings | jq
{
  "tom": [
    {
      "date": "2018-04-02 20:30:00",
      "concert_name": "The best of Andy Lau 2018",
      "singer": "Andy Lau",
      "location": "Shanghai"
    }
  ]
}
```

输出结果表明在新的演示环境仍然正常工作。

6.5 管理 dtab 路由

下面我们开始介绍通过 Namerd 提供的 API 和命令行工具 namerctl 管理 dtab 路由规则。

6.5.1 Namerd API 简介

如上所述，Namerd 提供的 interface 除 Http Controller 外均是只读接口，这意味着它们只能读取存储的 dtab，不能修改，如若需要修改 dtab 规则，则需要使用 Http Controller。这也就是为什么我们在 Namerd 配置文件中配置两个 interface 的原因，gRPC Mesh Interface 用于只读，Http Controller 用于修改 dtab，好处就是读写分离，远端 Linkerd 只能读取 dtab，避免意外修改 dtab 带来的潜在问题，而写操作只有管理员通过 Http Controller 进行执行，还可通过在 Http Controller 上配置安全访问策略，确保写操作在安全范围内进行执行。

另外，在介绍 API 之前，我们先介绍一个概念：命名空间（namespace），实际上文已经涉及，命名空间有自己的名字，该名字与 dtab 规则一一对应，因此名字必须是唯一的，否则出错。在调用 Http Controller 提供的 API 时，必须指定命名空间，以此告诉 Namerd API 操作对象。

目前 Namerd 的 Http Controller 提供两种类型的 API 接口。

❑ dtab 管理 API：提供管理 dtab 的接口，包括：

● GET /api/1/dtabs

- GET /api/1/dtabs/<namespace>
- POST /api/1/dtabs/<namespace>
- PUT /api/1/dtabs/<namespace>
- DELETE /api/1/dtabs/<namespace>

❑ 名字解析 API：相信你已使用 Linkerd 或者 Namerd 管理界面提供的 dtab 演示功能，而名字解析 API 提供相同的功能，只不过 API 化，整个过程可由不同的 API 共同实现，主要包括委托（delegate）、绑定（bound）及解析（resolve），更多信息参考官方文档（https://linkerd.io/config/1.3.6/namerd/index.html#http-controller）。

- GET /api/1/bind/<namespace>
- GET /api/1/addr/<namespace>
- GET /api/1/resolve/<namespace>
- GET /api/1/delegate/<namespace>
- GET /api/1/bound-names

6.5.2　通过 Namerd API 管理 dtab

接下来我们演示通过 API 管理 dtab 规则，假设使用到的 dtab 为：

```
/active        => /#/io.l5d.consul/dc2/active;
/baking        => /#/io.l5d.consul/dc2/baking;
/svc/active    => /active;
/svc/baking    => /baking;
```

对应的文件 test.dtab 在 /vagrant 目录下。

❑ 创建 dtab

```
# curl -s \
  -XPOST \
  -H 'Content-Type: application/dtab' \
  -d@/vagrant/test.dtab \
  http://namerd.service.consul:4180/api/1/dtabs/test
```

创建时需要指定 dtab 规则以及命名空间如 test，如果返回 200，则创建成功，否则失败。

❑ 查询 dtab

通过如下 API 可获取到指定命名空间对应的 dtab 规则：

```
# curl -s  http://namerd.service.consul:4180/api/1/dtabs/test | jq
[
{
  "prefix": "/active",
  "dst": "/#/io.l5d.consul/dc2/active"
},
```

```
{
  "prefix": "/baking",
  "dst": "/#/io.l5d.consul/dc2/baking"
},
{
  "prefix": "/svc/active",
  "dst": "/active"
},
{
  "prefix": "/svc/baking",
  "dst": "/baking"
}
]
```

返回 dtab 规则的 dentry 集合。

❑ 更新 dtab

现将 test.dtab 的数据中心由 dc2 更改为 dc3，并执行如下命令使其生效：

```
# curl -s  \
  -XPUT \
  -H 'Content-Type: application/dtab' \
  -d@/vagrant/test.dtab \
  http://namerd.service.consul:4180/api/1/dtabs/test
```

然后执行 # curl -s http://namerd.service.consul:4180/api/1/dtabs/test | jq 可验证。

❑ 删除 dtab

执行 curl -s -XDELETE http://namerd.service.consul:4180/api/1/dtabs/test 即可删除我们创建的命名空间 test。

6.5.3　通过 namerctl CLI 管理 dtab

如上所述，对于管理员来说，直接通过 API 管理 dtab 相对复杂，而更简单的管理 dtab 的方式是通过 namerctl 工具，该工具给管理员提供通过 Namerd 统一查询、创建及更改 dtab 路由规则的能力。本质上，namerctl 是对 Namerd 的 Http Controller 提供的 API 再次封装，方便使用。下面我们仍然通过 test.dtab 演示如何通过 namerctl 管理 dtab，其中 namerctl 可在每台机器的 /vagrant 目录下查找到，无需下载。

❑ 创建 dtab

```
# ./namerctl dtab \
  create test $PWD/test.dtab \
  --base-url http://namerd.service.consul:4180
Created test
```

执行该操作时需要指定命名空间名字，dtab 文件以及 Namerd 的 Http Controller 对应的 IP 地址和端口，返回表明创建命名空间为 test 的 dtab 成功。再次访问管理界面 http://192.168.1.11:9991/ 时，可看到新的命名空间 test 供选择。

❏ 查询 dtab

```
# ./namerctl dtab get test --base-url http://namerd.service.consul:4180
# version MjgzNQ==
/active      => /#/io.l5d.consul/dc2/active ;
/baking      => /#/io.l5d.consul/dc2/baking ;
/svc/active  => /active ;
/svc/baking  => /baking ;
```

❏ 更新 dtab

同样将 test.dtab 的数据中心由 dc2 更改为 dc3，并执行如下命令使其生效：

```
# ./namerctl dtab \
    update test $PWD/test.dtab
    --base-url http://namerd.service.consul:4180
Updated test
```

再次执行

```
# ./namerctl dtab get test  --base-url http://namerd.service.consul:4180
# version Mjk3MQ==
/active      => /#/io.l5d.consul/dc3/active ;
/baking      => /#/io.l5d.consul/dc3/baking ;
/svc/active  => /active ;
/svc/baking  => /baking ;
```

即可知 dtab 已被更改。

❏ 删除 dtab

如下命令即可删除 dtab：

```
# ./namerctl dtab delete test --base-url http://namerd.service.consul:4180
Deleted test
```

执行如下命令证实 test 已经被删除。

```
# ./namerctl dtab list --base-url http://namerd.service.consul:4180
demo
```

 注
意　Linkerd 官方 Github 告知 namerctl 以后可能会有很大变更，因此使用时需关注最新版本。

6.6　总结

本章主要介绍 Linkerd 的控制层 Namerd，为什么我们需要 Namerd，Namerd 能帮我们做什么，通过示例讲解如何配置 Namerd 和 Linkerd 使其协作工作，如何通过 Namerd 提供的 API 管理 dtab 路由规则。

第三部分 *Part 3*

实　战　篇

Kubernetes 基础

从本章开始，我们将进入基于 Linkerd 和 Kubernetes 的 Service Mesh 实战，但在正式讲解之前，我们利用一章的内容简单介绍 Kubernetes 的基础知识，这有助于大家快速理解 Linkerd 如何在 Kubernetes 平台上工作。如果你已经熟悉 Kubernetes 相关知识，可跳过本章内容。本章将会涉及以下内容。

❑ Kubernetes 是什么，能做什么

❑ 为什么需要 Kubernetes

❑ Kubernetes 架构

❑ 通过 Kubeadm 部署 Kubernetes 集群

❑ Kubernetes 基本概念

❑ Kubernetes 对象管理

由于本书并不是主要讲解 Kubernetes，故这里涉及的均是 Kubernetes 的基本知识。如果需要深入学习 Kubernetes 知识，可参考官方文档（https://kubernetes.io/）及其他书籍，比如 Kelsey Hightower 的《Kubernetes：Up and Running》。

7.1 Kubernetes 是什么

Kubernetes 是 Google 在 2014 年开源的容器编排工具，通过它可实现容器化应用的自动化部署、动态扩展、动态管理、服务发现等。作为 Google 内部产线级分布式编排系统 Borg 的开源实现版本，Google 将内部多年产线验证的设计架构、维护经验等注入其中，因此 Kubernetes 面世后不但受到开源界的热烈欢迎，而且各大公有云及私有云厂商纷纷全面

拥抱，构建了一个以 Kubernetes 为中心的强大而繁荣的容器编排生态圈。除此之外，以 Kubernetes 为底层的基础架构被广泛应用于其他领域，如 Serverless、机器学习、人工智能等平台。目前 Kubernetes 已经在容器编排领域处于绝对领先地位，成为容器编排首选工具。

7.2　为什么需要 Kubernetes

随着业务需求及技术发展，传统的单体应用逐渐向微服务架构转变，其间需要考虑用何种载体运行微服务，而容器作为微服务运行的最佳载体可很容易地实现：

❑ 从开发到产线环境的一致性
❑ 快速发布应用
❑ 跨平台运行
❑ 快速扩展
❑ 不变性基础设施

但是我们在享受 Kubernetes 带来的好处时，同时也面临一些新的挑战：

❑ 如何从传统静态环境到动态环境转变。
❑ 如何通过容器技术尽可能提高资源利用率。
❑ 如何大规模管理容器集群。
❑ 如何在动态环境中进行服务发现。
❑ 如何使得容器具有自愈能力。
❑ 如何快速自动化地上线和回滚容器化的服务。
❑ 如何实现负载均衡。
❑ 如何管理机密信息和配置文件等。

其中大部分挑战，无须额外方式便可通过 Kubernetes 提供的丰富功能迎刃而解，主要功能如下：

❑ 自动化装箱：确保容器被尽可能地调度到最佳匹配节点，提高资源利用率。
❑ 自愈能力：确保集群计算节点在发生问题（如重启、升级等）时容器被系统自动重新调度到其他正常节点，一旦新建的容器具备服务外界能力时，自动将其暴露给调用端。
❑ 水平扩展：扩展过程既可通过命令行或者 GUI 界面完成，也可通过预设规则以及资源使用率自动完成。
❑ 服务发现和负载均衡：Kubernetes 提供的服务发现可解决动态环境中服务间通信问题，而负载均衡确保应用流量总会流入最佳实例进行处理。
❑ 服务自动化上线及回滚：Kubernetes 采用循序滚动方式上线服务，确保新上线的服务具备提供相应处理请求能力时才下线对等数量旧版本服务，否则自动回滚服务到最近可用版本，停止上线动作。
❑ 管理机密信息和配置文件：提供管理机密信息的机制确保它们处于加密状态，避免机密信息泄露带来的安全问题，除此也提供配置文件管理机制，使得容器和配置文件解耦，配置文件变更会更加灵活。

❑ 存储编排：Kubernetes 使得提供的各种存储可按需自动挂载容器供服务使用，诸如 NFS、Gluster、Ceph 等。

❑ 支持运行批处理类型工作负载。

实际上 Kubernetes 提供并不止如上列出的功能，其他还有跨数据中心联邦集群、无缝对接大多数公有云提供商等。基于这些功能，Kelsey Hightower 在他的著作《Kubernetes：Up and Running》中讲述了为什么我们需要选择像 Kubernetes 这样的容器编排系统，它能给我们带来什么样的好处，我们将其总结如下。

❑ 快速化（Velocity）：快速化不但要求快速发布服务，而且需要保证服务稳定性，以下三点有助于实现服务的快速发布和稳定性。

- 不变性基础设施：所谓不变性基础设施即一旦 artifact（如虚拟机或者 Docker 镜像）被创建便不再基于它做任何更改，相对传统的可变性基础设施的不断增量修改，不变性基础设施是一个全新的替代品，这使得即便在部署时发生问题，仍然可以快速回滚到旧版本。而可变性基础设施就变得非常困难了，有些几乎不可能回滚到旧版本。

- 声明式配置：声明式配置预先定义资源（Kubernetes 中的各种资源，如 Pod）的期望状态。相对命令式配置定义的一系列指令（动作），声明式配置定义的是状态，更加具有可读性、易于理解、不易出错，而且可以通过版本控制系统对基础设施进行版本控制和跟踪、代码审查，结合不变性基础设施，可很容易将应用恢复到指定版本状态。

- 自愈能力：Kubernetes 并不是简单地执行申明式配置中预设状态的匹配动作，而是持续监测系统，确保当前的状态匹配预设状态，保证任何时候无论是节点发生问题还是进行升级迁移等操作时，系统总是持续健康地提供服务。而传统场景下，管理员需要手动操作一系列指令才能达到上述目的，而且手动操作带来潜在错误及风险的可能性很大。

❑ 快速扩展应用和集群计算资源（Scaling）：不变性基础设施及申明式配置使得 Kubernetes 扩展应用时通常只需简单修改应用副本数量即可，具体实施交由 Kubernetes 处理，无须大量人为干预。Kubernetes 支持基于 CPU、内存实现的自动扩展功能，根据实际资源使用情况动态扩展。当然，扩展应用时可能需要扩展底层物理资源或者虚拟计算资源，传统基础架构中由于各种原因使得维护人员不能准确或者很困难准确预测资源的使用状况，但 Kubernetes 将所有应用运行在一个共享的计算环境中，资源的预测不再是针对某一特定应用，而是面向所有应用，这样资源的使用状况易于统计，而且更加准确，简化集群扩展。

❑ 基础设施抽象化（Abstracting infrastructure）：Kubernetes 将底层计算资源（物理机、

虚拟机、存储等）抽象化，使得开发人员与底层资源解耦，无须关注底层实现，也不需要关注底层（无论是公有云还是私有云）提供的各种 API，而是将大部分精力集中在如何创建、部署及管理应用上。还有，Kubernetes 使得应用很容易实现跨云、跨环境运行。

❏ 效率（Efficiency）：Kubernetes 环境下计算单元不再是传统的虚拟机，而是容器，因此不再需要为每个服务分配一个独立的虚拟机，而且 Kubernetes 提供的命名空间可对资源进行隔离，一个 Kubernetes 集群可被划分为多个命名空间，每个命名空间相对独立，互不影响，实现资源的多重使用。另外，Kubernetes 的自动装箱技术可将容器调度到集群中最佳匹配计算节点，尽可能利用节点提供的计算资源，提高资源利用率，进一步减少计算资源成本。

7.3 Kubernetes 架构

Kubernetes 主要由两部分构成，即 Master 节点和 Worker 节点，图 7-1 是 Kubernetes 的简约架构图。

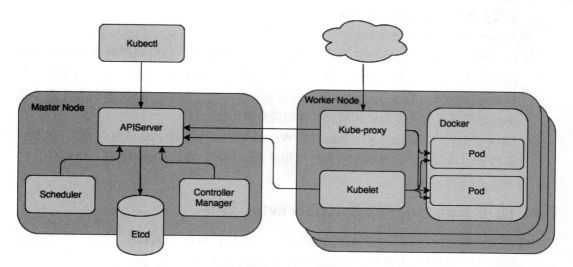

图 7-1 Kubernetes 架构

Master 节点包括如下构件。

❏ APIServer：APIServer 是整个 Kubernetes 集群的控制中枢，暴露所有 REST API 接口给集群管理员、开发人员等，并存储所有集群状态和信息到分布式键值存储系统 Etcd，而且可根据实际运行负载情况对它进行水平扩展，增强系统处理能力。

❏ Scheduler：如其名字所示，Scheduler 的主要工作是通过监听 APIServer，一旦发现新的未被调度到任何 Worker 节点的 Pod，通过调度算法选择最佳匹配的 Worker 节点，然后运行在 Worker 节点上的 Kubelet 启动该 Pod。

❑ Controller Manager：Controller Manager 运行一组后台进程并监听整个集群运行状态，保证任何时刻资源或者对象按已声明的状态进行运行。当前版本的 Kubernetes 提供如下 Controller Manager。

- Node Controller
- Replication Controller
- Endpoints Controller
- Namespace Controller
- ServiceAccount Controller
- ResourceQuota Controller
- Service Controller
- Token Controller

❑ Etcd：Etcd 是 Kubernetes 的持久化存储系统，所有 Kubernetes 集群信息均存储在 Etcd 上。Etcd 可与 Master 节点部署在同一个机器上，也可以在独立的机器上运行，为了获得高可用性，通常产线环境部署 3 台或者 5 台机器，如果有更多的需求，甚至可部署 7 台机器组成的集群。

而 Worker 节点包括如下构件。

❑ Kubelet：Kubelet 是运行在 Worker 节点上的守护进程，监听调度到该节点的 Pod，启动 Pod 的容器，如果 Pod 配置了存储卷，则挂载存储卷。除此之外，还定期执行容器健康检测，确保只有健康运行的容器提供服务。还有，Kubelet 持续不断地向 Master 提供该节点上 Pod 和节点本身的运行状态信息。

❑ Kube-proxy：Kube-proxy 主要运行在 Worker 节点上，根据 Pod 信息在节点上维护一系列 iptable 规则，这些规则负责将应用请求转发到后端真实服务实例。

7.4 使用 Kubeadm 部署 Kubernetes 集群

现在大家对 Kubernetes 已有基本认识，接下来我们通过 Kuberadm 创建三个节点的 Kubernetes 集群，以该集群作为演示环境进行本章及后续章节的内容讲解。

7.4.1 部署环境准备

1. 软件准备

除了前面章节构建演示环境需要的 Vagrant 和 VirtualBox 外，还需要安装如下软件。

❑ 工具软件：wget, telnet, tree, net-tools, unzip, jq

❑ Docker Engine：1.13.1

❑ Kubeadm：1.9.3

❑ Kubernetes：1.9.3
❑ Flannel：0.10.0

2. 虚拟机准备

对于构建三个节点的集群，其中一个为 Master 节点，两个为 Worker 节点，具体如表 7-1 所示：

表 7-1 虚拟和节点集群

主机名	IP 地址
kube-master	192.168.1.11
kube-node01	192.168.1.12
kube-node02	192.168.1.13

三台虚拟机的创建依然通过 Vagrant 和 VirtualBox 管理，为此需要准备 Vagrantfile，接下来我们详细介绍通过 Kubeadm 部署 Kubernetes 集群，同时也是构建 Vagrantfile 的过程。

 注意 对应的 Vagrantfile 和脚本存放在 /vagrant 目录下。

7.4.2 部署 Kubernetes 集群

1. 安装工具软件

首先在 Vagrantfile 中添加如下配置安装工具软件：

```
config.vm.provision "install-tools", type: "shell", :path => "scripts/tools.sh"
```

其中 tools.sh 脚本为：

```
#/bin/bash

yum install -y wget telnet tree net-tools unzip

# install jq
wget -qO /usr/local/bin/jq https://github.com/stedolan/jq/releases/download/jq-1.5/jq-linux64
chmod +x /usr/local/bin/jq
```

2. 安装 Docker

对 Docker Engine 的安装，通过在 Vagrantfile 中添加如下配置使得 Vagrant 在创建虚拟机后执行脚本 docker.sh 实现：

```
config.vm.provision "install-docker", type:"shell", :path => "scripts/docker.sh"
```

其中 docker.sh 为：

```
#!/bin/bash
```

```
yum install -y docker-1.13.1
systemctl enable docker && systemctl start docker
```

3. 安装 kubeadm、kubelet 及 kubectl

Kubeadm 是 Kubernetes 官方提供的快速构建集群工具，通过使用命令行 kubeadm init 和 kubeadm join 即可实现集群的构建，另外也可通过命令行 kubeadm reset 重置现有集群，简化集群创建和删除的复杂性。更多信息可参考官方文档（https://kubernetes.io/docs/reference/setup-tools/kubeadm/kubeadm/）。

为了安装 kubeadm、kubelet 及 kubectl，我们需要配置 Yum 源，还要禁止 SElinux，确保容器可访问主机文件系统。另外，在 CentOS7 系统上，用户遇到过应用流量由于 iptable 被绕过而导致不能正确路由到目标服务的问题，因此需启用 net.bridge.bridge-nf-call-iptables，故将其设置为 1。所有这些操作由脚本 kubeadm.sh 和 set-bridge-nf-traffic.sh 分别实现，其中 kubeadm.sh 和 set-bridge-nf-traffic.sh 为：

```
#!/bin/bash

# configure kubernetes yum repo
cat <<EOF > /etc/yum.repos.d/kubernetes.repo
[kubernetes]
name=Kubernetes
baseurl=https://packages.cloud.google.com/yum/repos/kubernetes-el7-x86_64
enabled=1
gpgcheck=1
repo_gpgcheck=1
gpgkey=https://packages.cloud.google.com/yum/doc/yum-key.gpg https://packages.cloud.google.com/yum/doc/rpm-package-key.gpg
EOF

# disable selinux
setenforce 0
sed -i 's/^SELINUX=.*/SELINUX=permissive/g' /etc/selinux/config

yum install -y kubelet-1.9.3 kubeadm-1.9.3 kubectl-1.9.3
systemctl enable kubelet
systemctl start kubelet

#!/bin/bash

cat <<EOF >  /etc/sysctl.d/k8s.conf
net.bridge.bridge-nf-call-iptables = 1
EOF

sysctl --system
```

Vagrantfile 中的配置为：

```
config.vm.provision "install-kubeadm", type: "shell", :path => "scripts/kubeadm.sh"
```

```
config.vm.provision "set-bridge-nf-traffic", type : "shell", :path => "scripts/
set-bridge-nf-traffic.sh"
```

还有，所有节点必须将 swap 禁止，否则 kubelet 不能正常工作。

```
config.vm.provision "shell", inline: <<-SHELL
    swapoff -a
SHELL
```

4. 初始化 Master

通过 Kubeadm 创建集群，首先要做的是通过 kubeadm init 初始化 Master 节点，初始化过程创建集群需要的相关配置信息，启动 APIServer、Controller Manager、Scheduler、Kube DNS 等服务，整个过程完全自动化，直到初始化完成，输出如下信息：

```
kube-master: [init] Using Kubernetes version: v1.9.3
kube-master: [init] Using Authorization modes: [Node RBAC]
kube-master: [preflight] Running pre-flight checks.
kube-master: [WARNING FileExisting-crictl]: crictl not found in system path
kube-master: [certificates] Generated ca certificate and key.
kube-master: [certificates] Generated apiserver certificate and key.
kube-master: [certificates] apiserver serving cert is signed for DNS names
[kube-master kubernetes kubernetes.default kubernetes.default.svc kubernetes.default.
svc.cluster.local] and IPs [10.96.0.1 192.168.1.11]
kube-master: [certificates] Generated apiserver-kubelet-client certificate and
key.
kube-master: [certificates] Generated sa key and public key.
kube-master: [certificates] Generated front-proxy-ca certificate and key.
kube-master: [certificates] Generated front-proxy-client certificate and key.
kube-master: [certificates] Valid certificates and keys now exist in "/etc/
kubernetes/pki"
kube-master: [kubeconfig] Wrote KubeConfig file to disk: "admin.conf"
kube-master: [kubeconfig] Wrote KubeConfig file to disk: "kubelet.conf"
kube-master: [kubeconfig] Wrote KubeConfig file to disk: "controller-manager.
conf"
kube-master: [kubeconfig] Wrote KubeConfig file to disk: "scheduler.conf"
kube-master: [controlplane] Wrote Static Pod manifest for component kube-
apiserver to "/etc/kubernetes/manifests/kube-apiserver.yaml"
kube-master: [controlplane] Wrote Static Pod manifest for component kube-
controller-manager to "/etc/kubernetes/manifests/kube-controller-manager.yaml"
kube-master: [controlplane] Wrote Static Pod manifest for component kube-
scheduler to "/etc/kubernetes/manifests/kube-scheduler.yaml"
kube-master: [etcd] Wrote Static Pod manifest for a local etcd instance to "/
etc/kubernetes/manifests/etcd.yaml"
kube-master: [init] Waiting for the kubelet to boot up the control plane as
Static Pods from directory "/etc/kubernetes/manifests".
kube-master: [init] This might take a minute or longer if the control plane
images have to be pulled.
kube-master: [apiclient] All control plane components are healthy after
273.001537 seconds
kube-master: [uploadconfig] Storing the configuration used in ConfigMap "kubeadm-
config" in the "kube-system" Namespace
```

```
kube-master: [markmaster] Will mark node kube-master as master by adding a label
and a taint
    kube-master: [markmaster] Master kube-master tainted and labelled with key/
value: node-role.kubernetes.io/master=""
    kube-master: [bootstraptoken] Using token: d4daf2.baee52213f63b50b
    kube-master: [bootstraptoken] Configured RBAC rules to allow Node Bootstrap
tokens to post CSRs in order for nodes to get long term certificate credentials
    kube-master: [bootstraptoken] Configured RBAC rules to allow the csrapprover
controller automatically approve CSRs from a Node Bootstrap Token
    kube-master: [bootstraptoken] Configured RBAC rules to allow certificate rotation
for all node client certificates in the cluster
    kube-master: [bootstraptoken] Creating the "cluster-info" ConfigMap in the
"kube-public" namespace
    kube-master: [addons] Applied essential addon: kube-dns
    kube-master: [addons] Applied essential addon: kube-proxy
    kube-master:
    kube-master: Your Kubernetes master has initialized successfully!
    kube-master:
    kube-master: To start using your cluster, you need to run the following as a
regular user:
    kube-master:
    kube-master:   mkdir -p $HOME/.kube
    kube-master:   sudo cp -i /etc/kubernetes/admin.conf $HOME/.kube/config
    kube-master:   sudo chown $(id -u):$(id -g) $HOME/.kube/config
    kube-master:
    kube-master: You should now deploy a pod network to the cluster.
    kube-master: Run "kubectl apply -f [podnetwork].yaml" with one of the options
listed at:
    kube-master:   https://kubernetes.io/docs/concepts/cluster-administration/addons/
    kube-master:
    kube-master: You can now join any number of machines by running the following on
each node
    kube-master: as root:
    kube-master:
    kube-master:   kubeadm join --token d4daf2.baee52213f63b50b 192.168.1.11:6443
--discovery-token-ca-cert-hash sha256:87fc664f422e251570854d0f6649069f713586a2e3b8ef
137a6e93b34f39132b
```

初始化成功后会提示如何配置 kubeconfig，安装 Kubernetes 网络插件，否则其他应用不能正常启动，比如 kube-dns，然后是将 Worker 节点加入集群。

初始化在 Vagrantfile 中配置为：

```
node.vm.provision "shell", inline: <<-SHELL
    kubeadm init \
    --apiserver-advertise-address=#{MASTER_IP} \
    --pod-network-cidr=#{POD_NETWORK_CIDR} \
    --token #{KUBEADM_TOKEN} \
    --kubernetes-version="1.9.3"
SHELL
```

其中使用的变量在 Vagrantfile 起始处配置。另外还需在 Master 节点配置 kubeconfig，脚本 kubeconfig.sh 完成具体配置过程。

```ruby
node.vm.provision "configure-kubeconfig", type: "shell", :path =>
"scripts/kubeconfig.sh"
```

5. 安装 Flannel 网络插件

如上所述在完成初始化 Master 后，由于网络插件未部署，依赖网络插件的服务不能正常启动，比如 kube-dns，如果通过 kubectl get po -n kube-system 查看，可知 kube-dnsPod 会处于 pending 状态，因其依赖网络插件。当前 Kubeadm 只支持基于 CNI 的网络插件，比如 Flannel，Calico，暂时还不支持 kubenet。

为了简单起见，演示环境中我们选择 Flannel，而且使用 host-gw 模式，具体配置如脚本 flannel.sh：

```bash
#/bin/bash

IFNAME=$1

curl -s https://raw.githubusercontent.com/coreos/flannel/v0.10.0/Documentation/
kube-flannel.yml > kube-flannel.yml
sed -ri 's/^(\s*)(\"Type\"\s*: \"vxlan\"\s*$)/\1"Type": "host-gw"/' kube-flannel.
yml
sed -i "/- --kube-subnet-mgr/a \ \ \ \ \ \ \ \ - --iface=${IFNAME}" kube-flannel.
yml

kubectl apply -f kube-flannel.yml
```

然后配置在 Vagrantfile 中配置如下部署 Flannel 到 Master 节点：

```
node.vm.provision "install-flannel", type: "shell", :path => "scripts/flannel.sh"
do |s|
    s.args = ["eth1"]
end
```

6. 加入 Worker 节点

将 Worker 节点加入集群中非常简单，只需执行 kubeadm join 即可，具体在 Vagrantfile 中，如：

```
node.vm.provision "shell", inline: <<-SHELL
    kubeadm join --token #{KUBEADM_TOKEN} #{MASTER_IP}:6443 --discovery-token-
unsafe-skip-ca-verification
    SHELL
```

7. 启动集群

现将上述对应步骤合起来构建一个完整的 Vagrantfile，如：

```ruby
# -*- mode: ruby -*-
# vi:set ft=ruby sw=2 ts=2 sts=2:

NODE_COUNT = 2
POD_NETWORK_CIDR = "10.244.0.0/16"
KUBEADM_TOKEN = "d4daf2.baee52213f63b50b"

MASTER_IP = "192.168.1.11"
NODE_IP_PREFIX = "192.168.1."

Vagrant.configure("2") do |config|
  config.vm.box = "centos/7"

  config.vm.provider "virtualbox" do |v|
    v.memory = 1536
    v.cpus = 2
  end

  config.vm.provision "install-docker", type: "shell", :path => "scripts/docker.
sh"
  config.vm.provision "install-kubeadm", type: "shell", :path => "scripts/
kubeadm.sh"
  config.vm.provision "install-tools", type: "shell", :path => "scripts/tools.
sh"
  config.vm.provision "set-bridge-nf-traffic", type: "shell", :path => "scripts/
set-bridge-nf-traffic.sh"
  config.vm.provision "setup-hosts", type: "shell", :path => "scripts/hosts.sh"
do |s|
      s.args = ["eth1"]
    end
  config.vm.provision "shell", inline: <<-SHELL
      swapoff -a
  SHELL

  config.vm.define "kube-master" do |node|
    node.vm.hostname = "kube-master"
    node.vm.network :private_network, ip: MASTER_IP

    node.vm.provision "shell", inline: <<-SHELL
        kubeadm init \
            --apiserver-advertise-address=#{MASTER_IP} \
            --pod-network-cidr=#{POD_NETWORK_CIDR} \
            --token #{KUBEADM_TOKEN} \
            --kubernetes-version="1.9.3"
    SHELL

    node.vm.provision "configure-kubeconfig", type: "shell", :path => "scripts/
kubeconfig.sh"
      node.vm.provision "install-flannel", type: "shell", :path => "scripts/
flannel.sh" do |s|
```

```
        s.args = ["eth1"]
      end
    end

  (1..NODE_COUNT).each do |i|
    config.vm.define "kube-node0#{i}" do |node|
      node.vm.hostname = "kube-node0#{i}"
      node.vm.network :private_network, ip: NODE_IP_PREFIX + "#{11 + i}"

      node.vm.provision "shell", inline: <<-SHELL
        kubeadm join --token #{KUBEADM_TOKEN} #{MASTER_IP}:6443 --discovery-
token-unsafe-skip-ca-verification
      SHELL
    end
  end
end
```

其中涉及的脚本存放于 scripts 目录，虚拟机的创建和 Kubernetes 集群的构建均通过该 Vagrantfile 实现，只需执行如下命令就可构建一个全新的 Kubernetes 集群：

```
vagrant up
```

8. 验证集群工作状态

一旦完成集群的构建，便可登录 Master 节点执行如下命令查看 Kubernetes 系统服务是否正常运行：

```
# kubectl get componentstatuses
NAME                 STATUS    MESSAGE              ERROR
scheduler            Healthy   ok
etcd-0               Healthy   {"health": "true"}
controller-manager   Healthy   ok
```

上面的输出表明正常工作，或者通过如下方式检查系统服务运行状态：

```
# kubectl get po -n kube-system
NAME                                   READY   STATUS    RESTARTS   AGE
etcd-kube-master                       1/1     Running   0          1h
kube-apiserver-kube-master             1/1     Running   0          1h
kube-controller-manager-kube-master    1/1     Running   0          1h
kube-dns-6f4fd4bdf-grz9g               3/3     Running   0          1h
kube-flannel-ds-575xh                  1/1     Running   0          1h
kube-flannel-ds-7q9cj                  1/1     Running   0          47m
kube-flannel-ds-829d7                  1/1     Running   0          53m
kube-proxy-brzjq                       1/1     Running   0          1h
kube-proxy-d7mxj                       1/1     Running   0          47m
kube-proxy-x8nrq                       1/1     Running   0          53m
kube-scheduler-kube-master             1/1     Running   0          1h
```

若各组件都处于 Running 状态，则表示正常运行，执行如下命令启动一个 Nginx 容器：

```
kubectl run nginx --image=nginx
```

等待一段时间后验证 Nginx 容器是否正常启动：

```
# kubectl get po -o wide
NAME                     READY   STATUS    RESTARTS   AGE    IP           NODE
nginx-8586cf59-6tnj2     1/1     Running   0          2m     10.244.2.2   kube-node02
```

7.5　Kubernetes 基本概念及资源生命周期管理

现已经构建一个全新完整的 Kubernetes 集群供演示使用，接下来便详细介绍 Kubernetes 常用且非常重要的基本概念，以及如何管理它们的生命周期。在具体介绍之前，首先预览下 Kubernetes 的整个资源对象框架，如图 7-2 所示。

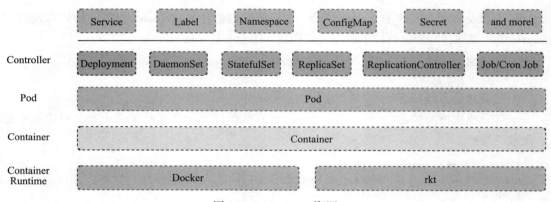

图 7-2　Kubernetes 资源

图 7-2 中所示最底层是容器引擎如 Docker 或者 rkt，然后是基于容器引擎创建的容器，其次 Pod 是 Kubernetes 的基石，Kubernetes 的一些资源，如各种 Controller，都是 Pod 更高层次的封装，以此提供管理的便捷性及满足各种应用需求。接下来我们将介绍框架中大部分资源。

7.5.1　Container Runtime

Kubernetes 支持多种 Container Runtime，其中 Docker 和 rkt 是两种最常见的 Container Runtime，默认是 Docker。顾名思义，Container Runtime 的作用即容器管理引擎。

7.5.2　Container

对 Kubernetes 来说，Container 是一个轻量级的可执行单元，通常是将单个独立可执行进程封装其中，既可是 Docker 容器，也可是 rkt 容器，甚至可以是 Kubernetes 支持的其他 Container Runtime 创建的容器。

7.5.3 Pod

Kubernetes 中，Pod 是最基本、最小的部署单元，由一个或一组容器组成，所有这些容器共享存储资源，共享唯一 IP 地址以及包含如何运行容器的信息。对于 Pod，我们需要知道以下内容：

- Pod 包含的容器在同一 IPC 命名空间运行，它们可以通过 IPC 进行通信。
- 每个 Pod 拥有唯一的 IP 地址，包含的容器共享同一个网络命名空间，它们之间可通过 localhost 进行网络通信。
- 整个 Kubernetes 集群中所有的 Pod 运行在一个共享的、扁平的地址空间，Pod 之间通过自己的 IP 地址进行通信，而且没有 NAT。
- Pod 必须以一个整体作为调度单位，这意味着每个 Pod 包含的容器只能运行同一节点，不能跨节点运行。
- Pod 包含的每个容器最好不要运行多个进程，遵循一个容器一个进程的原则。
- 尽量避免将多个不需要运行在同一台节点上的容器放到同一 Pod 中。
- 每个 Pod 包含一个容器 pause，它是所有运行在同一 Pod 容器的父容器，子容器与该容器共享相同的命名空间，除此之外，pause 容器是每个 Pod 的 PID 1，负责僵尸进程回收管理。

接下来我们演示通过 kubectl 管理 Pod 的生命周期，几乎所有 Kubernetes 支持的对象均可通过 kubectl 进行管理，kubectl 是与 Kubernetes 集群交互的最容易、简单的工具，它在构建 Kubernetes 集群时已安装和配置好，更多关于 kubectl 使用方法的信息可参考官方文档（https://kubernetes.io/docs/reference/kubectl/overview/），登录 Master 节点 kube-master 即可使用。

- 定义 Pod Manifest 文件

在 Kubernetes 中，所有资源对象都可以通过 YMAL 或者 JSON 格式定义的 Manifest 文件表示，通常优先选择 YMAL 格式，Manifest 文件定义资源对象的所有属性。对 Pod 来说，它的 Manifest 文件定义元数据及运行容器所需要属性，主要包括关键属性 apiVersion、kind、metadata、spec。如运行 Nginx 服务 Pod 的 Manifest 文件定义为 nginx-pod.yaml：

```
apiVersion: v1
kind: Pod
metadata:
  name: nginx
spec:
  containers:
  - name: nginx
    image: nginx:1.7.9
    ports:
    - containerPort: 80
```

其中 apiVersion 定义与 Kubernetes 对象对应 API 的版本，这里对象为 Pod；版本为 v1；

kind 定义对象的类型，比如 Pod，也可是其他 Kubernetes 支持的对象如 Service；metadata 定义对象的元数据如名字、标签等；spec 定义对象的详细属性，对于 Pod，包括 Pod 将管理的容器的所有属性如容器名字、Docker 镜像、端口等，容器的详细定义可参考 https://github.com/kubernetes/kubernetes/blob/master/pkg/apis/core/types.go#L1825，还 有 如 存 储卷、DNS 策 略 等，具 体 参 考 Pod 的 Spec 定 义（https://github.com/kubernetes/kubernetes/blob/master/pkg/apis/core/types.go#L2377）。实际上，无论是 Pod，还是接下来即将介绍的其他对象（如 Service，Deployment）都包含属性 apiVersion、kind、metadata、spec，其中 apiVersion、kind、metadata 为必选属性。

❑ 运行 Pod

完成 Pod Manifest 文件定义后，我们可通过如下命令运行 Pod：

```
# kubectl create -f nginx-pod.yaml
pod "nginx" created
```

❑ 查看 Pod

执行如下命令查看 Pod 的运行状态：

```
# kubectl get po -o wide
NAME     READY    STATUS            RESTARTS    AGE      IP         NODE
nginx    0/1      ContainerCreating 0           2s       <none>     kube-node02
```

此时 Pod 处于 ContainrCreating 状态，但已经被调度到 kube-node02 节点，可能原因是正在下载 Docker 镜像，因此需要等待一段时间使得 Pod 达到运行状态，再次执行命令查看：

```
# kubectl get po -o wide
NAME     READY    STATUS    RESTARTS    AGE    IP           NODE
nginx    1/1      Running   0           5m     10.244.2.5   kube-node02
```

Pod 已处于 Running 状态，IP 地址为 10.244.2.5。如果需要查看更加详细的 Pod 信息，可通过 kubectl describe 命令：

```
# kubectl describe po nginx
Name:          nginx
Namespace:     default
Node:          kube-node02/192.168.1.13
Start Time:    Mon, 16 Apr 2018 03:53:37 +0000
Labels:        <none>
Annotations:   <none>
Status:        Running
IP:            10.244.2.5
Containers:
nginx:
   Container ID:    docker://590a65b857ca4e0147475a9785173444ef2f08ce07bbfa1e55007f999bf1154f
   Image:           nginx:1.7.9
   Image ID:        docker-pullable://docker.io/nginx@sha256:e3456c851a152494c3e4f
```

```
f5fcc26f240206abac0c9d794affb40e0714846c451
        Port:              80/TCP
        State:             Running
          Started:         Mon, 16 Apr 2018 03:53:48 +0000
        Ready:             True
        Restart Count:     0
        Environment:       <none>
        Mounts:
          /var/run/secrets/kubernetes.io/serviceaccount from default-token-kbfrm (ro)
    Conditions:
    Type            Status
    Initialized     True
    Ready           True
    PodScheduled    True
    Volumes:
    default-token-kbfrm:
    Type:           Secret (a volume populated by a Secret)
    SecretName:     default-token-kbfrm
    Optional:       false
    QoS Class:          BestEffort
    Node-Selectors:     <none>
    Tolerations:        node.kubernetes.io/not-ready:NoExecute for 300s
                        node.kubernetes.io/unreachable:NoExecute for 300s
    Events:
    Type        Reason                Age    From              Message
    ----        ------                ----   ----              -------
    Normal  SuccessfulMountVolume  16m    kubelet, kube-node02  MountVolume.SetUp
succeeded for volume "default-token-kbfrm"
    Normal  Scheduled              16m    default-scheduler     Successfully assigned
nginx to kube-node02
    Normal  Pulled                 16m    kubelet, kube-node02  Container image
"nginx:1.7.9" already present on machine
    Normal  Created                16m    kubelet, kube-node02  Created container
    Normal  Started                16m    kubelet, kube-node02  Started container
```

由输出可知，Pod 运行节点的 IP 地址、命名空间、IP 地址、容器详细信息、存储卷、时间信息等。

❑ 删除 Pod

删除 Pod 非常容易，如果 Pod 是通过 Manifest 文件创建的，则可执行：

```
# kubectl delete -f nginx-pod.yaml
pod "nginx" deleted
```

此时再次执行：

```
# kubectl get po -o wide
NAME     READY   STATUS        RESTARTS   AGE    IP            NODE
nginx    0/1     Terminating   0          21m    10.244.2.5    kube-node02
```

Pod 处于 Terminating 状态，实际上，当删除 Pod 时，并不是立即删除，而是优雅地删除，确保现有请求尽可能处理完，默认等待 30 秒。

另外一种删除方法是通过指定即将删除 Pod 的名字，如：

```
# kubectl delete po nginx
pod "nginx" deleted
```

更多关于 Pod 的信息参见官方文档（https://kubernetes.io/docs/concepts/workloads/pods/pod-overview/）。

7.5.4 Label

Label 由键值对组成，通常跟 Kubernetes 对象如 Pod，Service，Deployment 等关联，而且同一对象可跟一个或者多个 Label 关联，通过 Label 我们可以得到以下好处。

❏ 快速查找与 Label 关联的对象。

❏ 自组织和选择 Kubernetes 对象子集。

❏ 实现任何时候将 Label 与对象关联。

另外，Label 要求与对象关联键值对的键必须唯一，比如：

```
"labels": {
  "key1" : "value1",
  "key2" : "value2"
}
```

通常，在对象 Manifest 文件的 metadata 属性块定义 Label，如：

```
# nginx-pod-with-label.yaml
apiVersion: v1
kind: Pod
metadata:
  name: nginx
  labels:
    env: qa
spec:
  containers:
  - name: nginx
    image: nginx:1.7.9
    ports:
    - containerPort: 80
```

通过 nginx-pod-with-label.yaml 创建 Pod 后，查看创建 Pod 时带上选项 --show-labels 可显示 Pod 关联的 Label，如下输出正是我们在 metadata 中定义的 Label：

```
# kubectl get po -o wide --show-labels
NAME    READY   STATUS    RESTARTS   AGE    IP           NODE          LABELS
nginx   1/1     Running   0          30s    10.244.2.6   kube-node02   env=qa
```

当然，我们也可对已存在的对象增加或更改其 Label，如：

```
# kubectl label po nginx owner=tom
pod "nginx" labeled
# kubectl get po -o wide --show-labels
NAME    READY   STATUS    RESTARTS   AGE    IP          NODE          LABELS
nginx   1/1     Running   0          7m     10.244.2.6  kube-node02   env=qa,owner=tom
```

如上所述，通过 Label 可以获取对象子集，接下来我们介绍如何通过 Label 选取对象子集，首先创建 Deployment 对象 nginx-qa 和 nginx-prod，关于 Deployment，后面我们会详细介绍。

```
# kubectl run nginx-qa --image=nginx:1.7.9 --replicas=2
--labels="owner=tom,env=qa"
deployment "nginx-qa" created
# kubectl run nginx-prod --image=nginx:1.7.9 --replicas=2
--labels="owner=tom,env=prod"
deployment "nginx-prod" created
```

此时系统包括如下 Pod：

```
# kubectl get pods --show-labels
NAME                                 READY   STATUS    RESTARTS   GE    LABELS
nginx                                1/1     Running   0          12s   env=qa
nginx-prod-57554b4b8b-4t9dd          1/1     Running   0          8m    env=
prod,owner=tom,pod-template-hash=1311060646
nginx-prod-57554b4b8b-k6zn5          1/1     Running   0          8m    env=
prod,owner=tom,pod-template-hash=1311060646
nginx-qa-66686cfbbb-2zvsk            1/1     Running   0          8m    env=
qa,owner=tom,pod-template-hash=2224279666
nginx-qa-66686cfbbb-mztrn            1/1     Running   0          8m    env=
qa,owner=tom,pod-template-hash=2224279666
```

若我们现在需要查找所有 env 是 qa 的 Pod，则通过 Label 为 env=qa 查询即可，结果如下：

```
# kubectl get pods --selector="env=qa" --show-labels
NAME                                 READY   STATUS    RESTARTS   AGE    LABELS
nginx                                1/1     Running   0          3m     env=qa
nginx-qa-66686cfbbb-2zvsk            1/1     Running   0          11m    env=qa,
owner=tom,pod-template-hash=2224279666
nginx-qa-66686cfbbb-mztrn            1/1     Running   0          11m    env=qa,
owner=tom,pod-template-hash=2224279666
```

通过 Label，我们根据按实际需求对匹配 Label 的对象集合进行操作，比如删除 env 是 qa 的所有 Pod：

```
# kubectl delete pods --selector="env=qa"
pod "nginx" deleted
pod "nginx-qa-66686cfbbb-2zvsk" deleted
pod "nginx-qa-66686cfbbb-mztrn" deleted
```

总之，Label 使得我们可以以松散低耦合的方式组织或者操作集群中所有的对象，更多详细信息参见官方文档（https://kubernetes.io/docs/concepts/overview/working-with-objects/labels/）。

7.5.5　RelicaSet

Kubernetes 中，Pod 被设计为最小的部署单元，但是由于 Pod 不具备自愈能力，当 Pod 本身发生错误或者运行 Pod 的节点发生问题时，Pod 随之发生问题，不再继续提供服务，从而给整个应用系统带来中断，故不建议单独使用 Pod。为此，Kubernetes 通过提供更高层级的 Controller，使用 Controller 创建和管理多个 Pod，处理 Pod 的副本，并提供集群级别的自愈能力。如图 7-2 所示，Kubernetes 提供多种 Controller 以满足不同需求，而 ReplicaSet 便是其中一种，作为集群级别的 Pod 管理者，它确保任何时候指定数量的 Pod 在系统中运行。ReplicaSet 与另一种 Controller——Replication Controller 的主要区别在于 ReplicaSet 支持基于集合操作的 selector，而 Replication Controller 只支持简单的基于相等原则的 selector，你可认为 ReplicaSet 是下一代 Replication Controller，故推荐使用 ReplicaSet 而不是 Replication Controller。

同 Pod 一样，Kubernetes 提供的对象都需要定义 Manifest 文件，ReplicaSet 也不例外，然后通过 Manifest 文件创建 ReplicaSet 对象。

❑ 定义 ReplicaSet Manifest 文件

ReplicaSet Manifest 文件仍然需要 apiVersion、kind、metadata、spec，但此时 spec 变得相对复杂，主要包括以下定义。

- Pod Template：定义 Pod 的属性，详细参考上述。
- Pod Selector：ReplicaSet 和 Pod 是相互独立的，尽管 ReplicaSet 负责创建和管理 Pod，但是 ReplicaSet 并不对那些 Pod 拥有所有权，而它们之间只是通过 Lablel 进行关联，所以 Pod Selector 决定 ReplicaSet 跟哪些 Pod 进行关联。
- Replicas：定义 Pod 的副本数。

如下是一个 Nginx 的简单 ReplicaSet Manifest 文件 nginx-rs.yaml：

```
apiVersion: apps/v1
kind: ReplicaSet
metadata:
  name: nginx-rs
  labels:
    env: qa
    app: nginx
spec:
  replicas: 2                    # Replicas
  selector:                      # Pod Selector
    matchLabels:
      env: qa
```

```
        app: nginx
  template:                          # Pod Template
    metadata:
    labels:
      env: qa
      app: nginx
    spec:
      containers:
      - name: nginx
        image: nginx:1.7.9
        ports:
        - containerPort: 80
```

❑ 运行 ReplicaSet

通过 kubectl create 创建 ReplicaSet:

```
# kubectl create -f nginx-rs.yaml
replicaset "nginx-rs" created
```

❑ 查看 ReplicaSet

一旦 ReplicaSet 创建完成，可通过 kubectl get rs -o wide 查看其运行状态:

```
# kubectl get rs -o wide
NAME       DESIRED   CURRENT   READY   AGE   CONTAINERS   IMAGES        SELECTOR
nginx-rs   2         2         2       27s   nginx        nginx:1.7.9   app=nginx,env=qa
```

从输出可知，ReplicaSet 期望运行 2 个 Pod，这正是我们在 Manifest 文件中定义的 replicas 大小，有 2 个正在运行，并且处于 READY 状态的为 2 个，另外，它的 SELECTOR 为 app=nginx,env=qa，如我们在 Manifest 文件所定义。通过 kubectl get po --selector "app=nginx,env=qa" 可查看所有 ReplicaSet 管理的 Pod:

```
# kubectl get po --selector "app=nginx,env=qa"
NAME             READY   STATUS    RESTARTS   AGE
nginx-rs-5jn7q   1/1     Running   0          6m
nginx-rs-7w5rs   1/1     Running   0          6m
```

还有，kubectl describe rs 命令能查看 ReplicaSet 本身详细信息，包括 Pod Template、Replicas、Selector 等:

```
# kubectl describe rs nginx-rs
Name:          nginx-rs
Namespace:     default
Selector:      app=nginx,env=qa
Labels:        app=nginx
               env=qa
Annotations:   <none>
Replicas:      2 current / 2 desired
Pods Status:   2 Running / 0 Waiting / 0 Succeeded / 0 Failed
Pod Template:
```

```
Labels:       app=nginx
              env=qa
Containers:
nginx:
Image:        nginx:1.7.9
Port:         80/TCP
Environment:  <none>
Mounts:       <none>
Volumes:          <none>
Events:
Type        Reason            Age     From                    Message
----        ------            ----    ----                    -------
Normal      SuccessfulCreate  8m      replicaset-controller   Created pod: nginx-rs-
5jn7q
Normal      SuccessfulCreate  8m      replicaset-controller   Created pod: nginx-rs-
7w5rs
```

❏ 删除 ReplicaSet

删除 ReplicaSet 非常简单，类似 Pod，既可通过定义的 Manifest 文件删除，也可通过 ReplicaSet 具体名字进行删除。删除 ReplicaSet 后，它管理的相应 Pod 也被删除。

```
# kubectl delete -f nginx-rs.yaml  # 通过 Manifest 文件删除
# kubectl delete rs nginx-rs        # 通过 ReplicaSet 具体名字进行删除
```

除了上述操作外，还可以通过修改 Replicas 进行扩展，支持 Kubernetes 提供的 HPA（horizontal pod autoscaling），如果需要了解更多关于 ReplicaSet 的信息，请参考官方文档（https://kubernetes.io/docs/concepts/workloads/controllers/replicaset/）。

尽管 ReplicaSet 可独立使用，但更好的方法是通过 Deployment 管理 ReplicaSet，而不是单独使用。Deployment 为 Pod 提供声明式的更新，以及其他非常有用的功能，下一节我们将会详细介绍 Deployment。如同 Pod 一样，用户应尽量避免直接使用 ReplicaSet，而是使用 Deployment。

7.5.6　Deployment

Deployment Controller 为 Pod 和 ReplicaSet 提供声明式更新，根据定义在 Deployment 中的期望状态，比如需要运行多少个副本的 Pod，然后 Deployment Controller 以可控速率将 Pod 的实际状态改变为最终期望状态。Deployment 提供了一些典型的应用场景。

❏ 定义 Deployment 创建 Pod 和 ReplicaSet。

❏ 滚动升级和回滚。

❏ 扩容和缩容。

❏ 暂停和继续 Deployment。

本节内容只关注 Deployment 的基本操作，比如创建、删除，更多信息及应用场景参考官方文档（https://kubernetes.io/docs/concepts/workloads/controllers/deployment/）。创建

Deployment 最简单的方法是通过命令 kubectl run：

```
# kubectl run nginx-prod --image=nginx:1.7.9 --replicas=2 --labels= "owner=tom,
env=prod"
deployment "nginx-prod" created
```

上面的输出表明创建了一个 Deployment，通过 kubectl get rs 便可查看 Deployment 管理的 ReplicaSet：

```
# kubectl get rs --selector="owner=tom,env=prod"
NAME                      DESIRED      CURRENT      READY       AGE
nginx-prod-57554b4b8b     2            2            2           1m
```

而 kubectl get po 查看 ReplicaSet 管理的 Pod：

```
# kubectl get po --selector="owner=tom,env=prod"
NAME                            READY      STATUS      RESTARTS     AGE
nginx-prod-57554b4b8b-97fj9     1/1        Running     0            3m
nginx-prod-57554b4b8b-njm7t     1/1        Running     0            3m
```

❏ 定义 Deployment Manifest 文件

Deployment 的 Manifest 文件几乎与 ReplicaSet 的一致，除了 kind 不一样，如：

```
# nginx-deploy.yaml
apiVersion: apps/v1
kind: Deployment
metadata:
  name: nginx-deployment
  labels:
    env: qa
    app: nginx
spec:
  replicas: 2                  # Replicas
  selector:                    # Selector
    matchLabels:
      env: qa
      app: nginx
    template:                  # Pod Template
      metadata:
        labels:
          env: qa
          app: nginx
      spec:
        containers:
        - name: nginx
          image: nginx:1.7.9
          ports:
          - containerPort: 80
```

❏ 运行 Deployment

执行 kubectl create 创建上述创建的 Deployment：

```
# kubectl create -f nginx-deploy.yaml
deployment "nginx-deployment" created
```

❏ 查看 Deployment

Deployment 的运行状态可通过 kubectl get deploy 查看：

```
# kubectl get deploy --selector="app=nginx,env=qa"
NAME                DESIRED     CURRENT     UP-TO-DATE     AVAILABLE     AGE
nginx-deployment    2           2           2              2             2m
```

当然，Deployment 本身详细信息可使用 kubectl describe deploy 查询：

```
# kubectl describe deploy --selector="app=nginx,env=qa"
Name:                   nginx-deployment
Namespace:              default
CreationTimestamp:      Mon, 16 Apr 2018 15:34:18 +0000
Labels:                 app=nginx
                        env=qa
Annotations:            deployment.kubernetes.io/revision=1
Selector:               app=nginx,env=qa
Replicas:               2 desired | 2 updated | 2 total | 2 available | 0
unavailable
StrategyType:           RollingUpdate
MinReadySeconds:        0
RollingUpdateStrategy:  25% max unavailable, 25% max surge
Pod Template:
Labels:  app=nginx
         env=qa
Containers:
nginx:
Image:          nginx:1.7.9
Port:           80/TCP
Environment:    <none>
Mounts:         <none>
  Volumes:        <none>
Conditions:
Type            Status   Reason
----            ------   ------
Available       True     MinimumReplicasAvailable
Progressing     True     NewReplicaSetAvailable
OldReplicaSets:  <none>
NewReplicaSet:   nginx-deployment-c7bdffffd (2/2 replicas created)
Events:
Type     Reason             Age      From                      Message
----     ------             ----     ----                      -------
  Normal   ScalingReplicaSet   3m       deployment-controller     Scaled up replica set
nginx-deployment-c7bdffffd to 2
```

❑ 删除 Deployment

Deployment 也支持使用 Deployment Manifest 文件和 Deployment 名字删除，如：

```
# kubectl delete -f nginx-deploy.yaml
# kubectl delete -f nginx-deployment
```

Deployment 被删除后，它管理的 ReplicaSet 及 Pod 均被删除。

7.5.7 Service

在学习 Pod、ReplicaSet 及 Deployment 的过程中，你也许在想，如何访问运行在 Pod 里的服务呢？当 Pod 停止后再调度到其他节点时，又如何发现新的 Pod 的访问信息？为了解决这些问题，Kubernees 引入一个新的对象：Service。所谓 Service，它为运行相同服务的一系列 Pod 提供一个静态 IP 地址 ClusterIP 和端口，该 ClusterIP 和端口作为访问后端 Pod 的唯一不变入口。当然，也可以创建没有 ClusterIP 的服务，该服务称为 Headless Service，但发现 Headless Service 需要自己实现。更多关于 Service 的信息参考官方文档（https://kubernetes.io/docs/concepts/services-networking/service/）。

通常有两种方式创建 Service，其中一种是执行命令 kubectl expose 将 Kubernetes 对象 Pod、Replication Controller、Deployment、Replicaset 暴露为 Service。比如，使用 kubectl run 创建与 Nginx 对应的 Deployment，然后再通过 kubectl expose 创建对应的服务。

```
# kubectl run nginx-prod --image=nginx:1.7.9 --replicas=2 --labels="env=prod"
deployment "nginx-prod" created
# kubectl expose  deploy/nginx-prod --port=80 --target-port=80 --name=nginx --
labels="env=prod"
service "nginx" exposed
```

创建完成后执行 kubectl get svc 查看服务信息如：

```
# kubectl get svc nginx -o wide
NAME       TYPE        CLUSTER-IP      EXTERNAL-IP    PORT(S)    AGE    SELECTOR
nginx      ClusterIP   10.109.5.64     <none>         80/TCP     1m     env=prod
```

输出包括服务的 ClusterIP 地址、端口以及 SELECTOR 等。

另一种方式类似上述介绍的资源，即构建 Manifest 文件，然后执行 kubectl create 创建。

❑ 定义 Service Manifest 文件

Service 对象的 Manifest 文件定义类似 Pod 等其他资源，如 nginx-svc.yaml：

```
apiVersion: v1
kind: Service
metadata:
    name: nginx
    labels:
      env: prod
spec:
```

```
    ports:
    - port: 80
      protocol: TCP
      targetPort: 80
    selector:
      env: prod
```

spec 部分定义了 Service 的端口、协议等，还有 selector、Service 通过该 selector 与后端 Pod 进行关联，无论后端 Pod 怎么变化，Service 均会感知后端变化。

❑ 创建 Service

执行 kubectl create 创建 Service：

```
# kubectl create -f nginx-svc.yaml
service "nginx" created
```

❑ 查看 Service

如上，通过 kubectl get svc 查看 Service 信息：

```
# kubectl get svc nginx -o wide
NAME       TYPE        CLUSTER-IP      EXTERNAL-IP    PORT(S)    AGE    SELECTOR
nginx      ClusterIP   10.105.9.64     <none>         80/TCP     1m     env=prod
```

而 kubectl describe svc 获取 Service 更加详细的信息：

```
# kubectl describe svc nginx
Name:               nginx
Namespace:          default
Labels:             env=prod
Annotations:        <none>
Selector:           env=prod
Type:               ClusterIP
IP:                 10.105.9.64
Port:               <unset>   80/TCP
TargetPort:         80/TCP
Endpoints:          10.244.1.14:80,10.244.2.17:80
Session Affinity:   None
Events:             <none>
```

输出的信息除 Service 的基本信息外，还包括后端对应 Pod 的 IP 地址和端口，以及与之关联的事件记录。

此时，通过 ClusterIP 即可访问 Nginx 服务：

```
# curl -s http://10.105.9.64:80
<!DOCTYPE html>
<html>
<head>
<title>Welcome to nginx!</title>
<style>
body {
```

```
    width: 35em;
    margin: 0 auto;
    font-family: Tahoma, Verdana, Arial, sans-serif;
}
</style>
</head>
<body>
<h1>Welcome to nginx!</h1>
<p>If you see this page, the nginx web server is successfully installed
and
working. Further configuration is required.</p>

<p>For online documentation and support please refer to
<a href="http://nginx.org/">nginx.org</a>.<br/>
Commercial support is available at
<a href="http://nginx.com/">nginx.com</a>.</p>

<p><em>Thank you for using nginx.</em></p>
</body>
</html>
```

❑ 删除 Service

仍然可通过 Service 的 Manifest 文件或者对应的名字删除 Service：

```
# kubectl delete -f nginx-svc.yaml
# kubectl delete svc nginx
```

7.5.8　DaemonSet

同 RelicaSet、Deployment 一样，DaemonSet 也是 Kubernetes 管理的另一 Controller，其主要目的即确保有且只有一个 Pod 副本运行于 Kubernetes 集群中每个节点，通常用于部署一些需要运行在每个节点的守护进程，比如日志收集和监控工具。使用 DaemonSet 部署该类服务时，当新添加节点到集群时，DaemonSet 会自动在新加入节点上创建 Pod，无须人为干预，而当节点删除时，由 DaemonSet 启动的 Pod 将被自动回收。因此，如果你部署的服务必须运行在每个节点，推荐使用 DaemonSet，反之，运行在任何节点都可以时，选择 Deployment。更多关于 DaemonSet 的内容参考见方文档（https://kubernetes.io/docs/concepts/workloads/controllers/daemonset/）。

下面通过 DaemonSet 部署 Fluentd 演示 Kubernetes 如何管理 DaemonSet。

❑ 定义 DaemonSet Manifest 文件

Fluentd 的 DaemonSet Manifest 文件 fluentd-daemonset.yaml 定义如下：

```
apiVersion: apps/v1
kind: DaemonSet
metadata:
  name: fluentd-elasticsearch
```

```
    namespace: kube-system
    labels:
      k8s-app: fluentd-logging
spec:
  selector:
    matchLabels:
      name: fluentd-elasticsearch
  template:
    metadata:
      labels:
        name: fluentd-elasticsearch
    spec:
      tolerations:
      - key: node-role.kubernetes.io/master
        effect: NoSchedule
      containers:
      - name: fluentd-elasticsearch
        image: k8s.gcr.io/fluentd-elasticsearch:1.20
        resources:
          limits:
            memory: 200Mi
          requests:
            cpu: 100m
            memory: 200Mi
        volumeMounts:
        - name: varlog
          mountPath: /var/log
        - name: varlibdockercontainers
          mountPath: /var/lib/docker/containers
          readOnly: true
      terminationGracePeriodSeconds: 30
      volumes:
      - name: varlog
        hostPath:
          path: /var/log
      - name: varlibdockercontainers
        hostPath:
          path: /var/lib/docker/containers
```

其中 spec 部分的定义除 DaemonSet 只有一个 Pod 副本之外，即 replicas=1，其他跟 ReplicaSet 的 spec 几乎一样。另外需要注意的是该 DaemonSet 创建于 kube-system 命名空间，因此查询时需显示指定命名空间。

❏ 运行 DaemonSet

根据上述定义的 Manifest 文件创建 Fluentd 对应的 DaemonSet：

```
# kubectl create -f fluentd-daemonset.yaml
daemonset "fluentd-elasticsearch" created
```

❏ 查看 DaemonSet

如果需要查询 DaemonSet 详细信息，可通过命令 kubectl describe：

```
# kubectl describe ds fluentd-elasticsearch -n kube-system
Name:              fluentd-elasticsearch
Selector:          name=fluentd-elasticsearch
Node-Selector:     <none>
Labels:            k8s-app=fluentd-logging
Annotations:       <none>
Desired Number of Nodes Scheduled: 3
Current Number of Nodes Scheduled: 3
Number of Nodes Scheduled with Up-to-date Pods: 3
Number of Nodes Scheduled with Available Pods: 3
Number of Nodes Misscheduled: 0
Pods Status:  3 Running / 0 Waiting / 0 Succeeded / 0 Failed
Pod Template:
Labels:  name=fluentd-elasticsearch
Containers:
fluentd-elasticsearch:
Image:  k8s.gcr.io/fluentd-elasticsearch:1.20
Port:   <none>
Limits:
  memory:  200Mi
Requests:
  cpu:         100m
  memory:      200Mi
Environment:  <none>
Mounts:
  /var/lib/docker/containers from varlibdockercontainers (ro)
  /var/log from varlog (rw)
Volumes:
varlog:
Type:          HostPath (bare host directory volume)
Path:          /var/log
HostPathType:
varlibdockercontainers:
Type:          HostPath (bare host directory volume)
Path:          /var/lib/docker/containers
HostPathType:
Events:
Type       Reason           Age      From                  Message
----       ------           ----     ----                  -------
Normal   SuccessfulCreate   8m       daemonset-controller  Created pod: fluentd-
elasticsearch-h8v2d
Normal   SuccessfulCreate   8m       daemonset-controller  Created pod: fluentd-
elasticsearch-h9fxx
Normal   SuccessfulCreate   8m       daemonset-controller  Created pod: fluentd-
elasticsearch-lcgs7
```

从中我们可知当前集群中由 DaemonSet 管理的 Pod 数量、有多少正在运行、有多少正在等待、失败了多少等。

执行 kubectl get po 查看对应的 Pod 信息：

```
# kubectl get po -n kube-system --selector="name=fluentd-elasticsearch"
NAME                          READY    STATUS     RESTARTS    AGE
fluentd-elasticsearch-h8v2d   1/1      Running    0           13m
fluentd-elasticsearch-h9fxx   1/1      Running    0           13m
fluentd-elasticsearch-lcgs7   1/1      Running    0           13m
```

❏ 删除 DaemonSet

删除 DaemonSet 类似前面已介绍的 Kubernetes 对象：

```
# kubectl delete -f fluentd-daemonset.yaml
# kubectl delete ds fluentd-elasticsearch -n kube-system
```

7.5.9　ConfigMap 和 Secret

到此为止，本章内容大部分在关注如何管理工作负载，即 Pod，但有一个问题就是我们如何管理这些工作负载的配置及机密信息？如何将工作负载与配置及机密信息最大可能地解耦而不是将配置和机密信息封装到容器镜像，实现动态管理应用配置？Kubernetes 提供的 ConfigMap 和 Secret 可帮助实现该目标，方便将配置信息注入工作负载。

Kubernetes 支持以文件、目录或者键值对作为创建 ConfigMap 需要的配置源，跟其他 Kubernetes 对象一样，ConfigMap 可通过 kubectl create configmap 命令创建，创建时通过如下选项指定配置源。

❏ --from-file=：接受单个文件或者文件目录，比如 --from-file=/path/to/directory 或 --from-file=/path/to/file1。

❏ --from-literal=：接受键值对，比如 --from-literal=key=value。

假如文件 example.txt 包含如下内容：

```
key1: value1
key2: value2
```

然后以此作为配置源创建 ConfigMap：

```
# kubectl create configmap my-config \
  --from-file=example.txt \
  --from-literal=key3=value3
```

执行 kubectl get cm my-config -o yaml 创建的 ConfigMap 信息，从输出验证 ConfigMap 的配置由文件 example.txt 和键值对 key3=value3 构成。

```
# kubectl get configmaps my-config -o yaml
apiVersion: v1
data:
  example.txt: |              # 文件 example.txt
    key1: value1
```

```
    key2: value2
    key3: value3                        # 键值对
kind: ConfigMap
metadata:
  creationTimestamp: 2018-04-17T08:10:25Z
  name: my-config
  namespace: default
  resourceVersion: "140194"
  selfLink: /api/v1/namespaces/default/configmaps/my-config
  uid: c8b34f85-4216-11e8-9563-525400cae48b
```

实际应用中，大多数应用通过以下三种方式获取配置信息：

❑ 配置文件

❑ 命令行参数

❑ 环境变量

那么如何将已创建的 ConfigMap 注入应用中？事实上，ConfigMap 已支持通过上述三种方式将配置信息注入应用中。无论是上述三种方式的哪一种，在使用 ConfigMap 定义的配置时，如果以环境变量的方式，通过 ConfigMap 的名字就可以引用相应配置。若以文件方式，则首先将其挂载到 Pod 的存储卷，指定挂载目录。下面通过简单例子演示 Pod 如何使用 ConfigMap：

```
# test-configmap.yaml
apiVersion: v1
kind: Pod
metadata:
  name: test-configmap
spec:
  containers:
  - name: test-configmap
    image: k8s.gcr.io/busybox
    command: ["/bin/sh", "-c", "ls /etc/example: env"]
    env:
      - name: KEY3
        valueFrom:
          configMapKeyRef:
            name: my-config
            key: key3
    volumeMounts:
      - name: config-volume
        mountPath: /etc/example
  volumes:
    - name: config-volume
      configMap:
        name: my-config
  restartPolicy: Never
```

执行如下命令创建 Pod：

```
# kubectl create -f test-configmap.yaml
pod "test-configmap" created
```

通过 kubectl logs 命令查看其输出如：

```
# kubectl logs test-configmap
example.txt                                # 文件方式，文件名为原始名字
key3                                       # 文件方式，文件名为 key3
KUBERNETES_PORT=tcp://10.96.0.1:443
KUBERNETES_SERVICE_PORT=443
KEY3=value3                                # 所定义环境变量
HOSTNAME=test-configmap
SHLVL=1
HOME=/root
KUBERNETES_PORT_443_TCP_ADDR=10.96.0.1
PATH=/usr/local/sbin:/usr/local/bin:/usr/sbin:/usr/bin:/sbin:/bin
KUBERNETES_PORT_443_TCP_PORT=443
KUBERNETES_PORT_443_TCP_PROTO=tcp
KUBERNETES_PORT_443_TCP=tcp://10.96.0.1:443
KUBERNETES_SERVICE_PORT_HTTPS=443
PWD=/
KUBERNETES_SERVICE_HOST=10.96.0.1
```

从中可知我们将 ConfigMap 的内容挂载到 /etc/example 目录，产生了两个文件：example.txt 和 key3，同时也产生一个环境变量 KEY3。

使用 ConfigMap 时需注意的是在使用之前必须已经存在，还有就是使用 ConfigMap 的对象必须跟它是在同一个命名空间。除此之外，对一些安全敏感的机密信息，最好不要将其存放于 ConfigMap，为此 Kubernetes 设计了另外一个对象 Secret，专门用于存放机密信息，如密码等。通过使用 Secret，如 ConfigMap 一样，将机密信息与容器镜像及普通配置分离，以降低安全风险。

Kubernetes 支持通过 kubectl create secret 创建三种类型的 secret：

❏ generic

❏ docker-registry

❏ tls

针对不同类型可能传入不同的参数作为 sercet 源以供创建时使用，如若是 generic，则传入的参数跟创建 ConfigMap 使用的是相同的参数，其他类型可参考帮助信息。现通过一个简单的例子演示如何创建 sercet：

```
# echo -n "admin" > admin.txt
# echo -n "password123" > password.txt
# kubectl create secret generic admin-pass --from-file=admin.txt --from-
file=password.txt
secret "admin-pass" created
```

完成创建后可查看其信息：

```
# kubectl get secret admin-pass -o yaml
apiVersion: v1
data:
  admin.txt: YWRtaW4=
  password.txt: cGFzc3dvcmQxMjM=
kind: Secret
metadata:
  creationTimestamp: 2018-04-17T10:16:45Z
  name: admin-pass
  namespace: default
  resourceVersion: "150199"
  selfLink: /api/v1/namespaces/default/secrets/admin-pass
  uid: 6e587840-4228-11e8-9563-525400cae48b
type: Opaque
```

从输出可知用户名和密码都已被加密，不再是原来的明文，实际上 Kubernetes 采用 Base64 对 secret 进行加密。通过命令 base64 --decode 可进行解密，如：

```
# echo "cGFzc3dvcmQxMjM=" | base64 --decode
password123
```

正是我们输入 password.txt 文件中的内容。

类似 ConfigMap，Pod 在使用 secret 时，首先将其加入存储卷，并挂载到指定的目录，然后 Pod 中的容器便可使用目录底下机密信息，如：

```
# test-secret.yaml
apiVersion: v1
kind: Pod
metadata:
  name: test-secret
spec:
  containers:
  - name: test-secret
    image: k8s.gcr.io/busybox
    command: ["/bin/sh", "-c", "cat /etc/secret/admin.txt: echo: cat /etc/secret
    volumeMounts:
      - name: secret-volume
        mountPath: /etc/secret
  volumes:
    - name: secret-volume
      secret:
        secretName: admin-pass
  restartPolicy: Never
```

创建 Pod 并查看其输出信息：

```
# kubectl create -f test-secret.yaml
pod "test-secret" created
# kubectl logs test-secret
admin
```

```
password123
```

如输出所示，我们创建的 secret 被挂载到指定目录，并已解密。

关于 ConfigMap 和 Secret 的介绍到此为止，更多信息可参见 ConfigMap 官方文档（https://kubernetes.io/docs/tasks/configure-pod-container/configure-pod-configmap/）以及 Secret 官方文档（https://kubernetes.io/docs/concepts/configuration/secret/）。

7.6　总结

到现在为止，我们已经对 Kubernetes 的架构及其提供的大部分核心对象进行了介绍，使得大家对 Kubernetes 有了一定认识，这样对后续章节在 Kubernetes 平台上讲解 Linkerd 有很大帮助，让大家更加轻松地理解 Linkerd 如何在 Kubernetes 平台工作。但是由于篇幅有限以及 Kubernetes 的内容比较多，而且复杂，Kubernetes 内容的介绍到此为止，如果希望了解更多关于 Kubernetes 的信息，推荐大家认真阅读官方文档，另外，像《Kubernetes In Action》和《Kubernetes：Up and Running》都是非常不错的书籍。从下一章开始，我们将正式迈入本书最核心的部分：Linkerd 在 Kubernetes 平台上的实战。

基于 Linkerd 和 Kubernetes 的微服务实践

从本章开始,将集中讲解如何在 Kubernetes 的平台上使用 Linkerd 治理微服务,通过 Kubernetes 与 Linkerd 的结合,一方面,Kubernetes 提供强大的容器编排及管理能力,为开发及运维人员带来极大的好处,另一方面,Linkerd 作为 Service Mesh 工具为 Kubernetes 提供所缺失的一些功能。

❑ 可见性(visiblity):服务运行时指标(成功率、失败率、QPS、延时等)、分布式跟踪
❑ 可管理性(manageablity):服务发现、运行时动态路由
❑ 健壮性(resilience):超时重试、请求最后期限、熔断机制
❑ 安全性(security):服务访问控制、TLS 加密通信

其中某些功能正是 Kubernetes 内置 kube-proxy 的短板,比如服务运行时指标、超时重试、熔断机制等,而 Linkerd 正好弥补这些不足,因此,Kubernetes 和 Linkerd 的结合达到相互弥补、相互增强,当然,Linkerd 并不是替换 kube-proxy,而是更好地运行、管理服务。

本章将带领大家进入 Kubernete 和 Linkerd 的世界,跟大家一起学习以下内容。

❑ 如何部署 Linkerd 使得运行在 Kubernetes 上的服务间通信由 Linkerd 负责?
❑ 使用 Linkerd 后 Kubernetes 平台服务部署有什么变化?
❑ 如何通过 Linkerd 访问运行于 Kubernetes 集群内的服务?
❑ Kubernetes 集群内部服务如何访问外部服务?
❑ 如何实现 Kubernetes 集群内服务间 TLS 加密通信?
❑ 如何通过 Linkerd 实现运行时动态切换服务流量?

8.1 部署服务于 Kubernetes 平台

8.1.1 定义示例服务声明文件

首先，我们将展示如何在原生 Kubernetes 平台运行服务以及服务间如何通信，然后在下一节引入 Linkerd 治理 Kubernetes 平台上服务。关于示例服务间的通信流，参考第 3 章讲解，接下来我们开始定义示例服务 user、booking、concert 及 mysql 的 Kubernetes 声明文件、YAML 文件，声明文件包括 ConfigMap、Deployment 和 Service 对象，以 user 服务声明文件 user.yaml 为例：

```
apiVersion: v1
kind: ConfigMap
metadata:
  name: user-config
data:
  config.json: |-   # user 服务配置文件
    {
      "service_endpoint": "0.0.0.0:8180",
      "dbname": "demo",
      "user": "demo",
      "password": "pass",
      "dbendpoint": "mysql.default:3306",
      "booking_service_addr": "booking.default:8181",
      "concert_service_addr": "concert.default:8182"
    }
---
apiVersion: apps/v1
kind: Deployment
metadata:
  name: user
  labels:
    app: user
spec:
  replicas: 1
  selector:
    matchLabels:
      app: user
  template:
    metadata:
      labels:
        app: user
    spec:
      containers:
      - name: user
        image: zhanyang/user:1.0
        ports:
      - containerPort: 8180
        args:
```

```
      - "/app/user"
      - "-c"
      - "/etc/user/config.json"
      livenessProbe:
        httpGet:
          path: /healthcheck
          port: 8180
        initialDelaySeconds: 15
        periodSeconds: 20
      volumeMounts:
      - name: user-config
        mountPath: /etc/user
        readOnly: true
    volumes:
    - name: user-config
      configMap:
        name: user-config
---
apiVersion: v1
kind: Service
metadata:
  name: user
spec:
  selector:
    app: user
  type: ClusterIP
  ports:
    - name: http
      port: 8180
```

其中 ConfigMap 对象定义 user 服务的配置信息，如访问 booking、concert 及 mysql 服务的地址信息；Deployment 对象定义如何启动 user 服务容器，需要启动多少个实例，如何进行健康监测，如何注入配置信息到容器内等；Service 对象定义通过选择器 selector 将 user 服务与容器进行关联，如何暴露给其他服务访问，服务名字、端口以及服务类型信息，如示例中我们定义服务类型为 ClusterIP。而 booking 和 concert 服务的声明文件，类似 user，存放在目录 /vagrant/k8s/8.1，即 booking.yaml 和 concert.yaml，mysql 作为公共服务，其声明文件存放于目录 /vagrant/k8s，除此之外，/vagrant/k8s/8.1 目录下 initialize.sh 用作数据初始化以做演示之用，主要是创建用户、演唱会及用户预订演唱会，具体内容：

```
#!/bin/bash

# 调用 user 服务 API 创建用户信息并返回
ip=$(kubectl get svc user -o json | jq -r '.spec.clusterIP')
port=$(kubectl get svc user -o json | jq '.spec.ports[]|select(.name == "http")|.
port')
user_id=$(/bin/curl \
    -s \
```

```
    -X POST \
    -d '{"ID": "tom","Name": "Tom Gao","Age": 23}' \
    http://$ip:$port/users | jq -r '.id')
```

调用 concert 服务 API 创建演唱会信息并返回 concert ID 用作预定使用

```
ip=$(kubectl get svc concert -o json | jq -r '.spec.clusterIP')
port=$(kubectl get svc concert -o json | jq '.spec.ports[]|select(.name ==
"http")|.port')
concert_id=$(/bin/curl \
    -s \
    -X POST \
    -d '{"concert_name": "The best of Andy Lau 2018","singer": "Andy Lau","start_
date": "2018-03-27 20:30:00","end_date": "2018-04-07 23:00:00","location":
"Shanghai","street": "Jiangwan Stadium"}' \
    http://$ip:$port/concerts | jq -r '.id')
```

调用 booking 服务 API 预定演唱会

```
ip=$(kubectl get svc booking -o json | jq -r '.spec.clusterIP')
port=$(kubectl get svc booking -o json | jq '.spec.ports[]|select(.name ==
"http")|.port')
/bin/curl \
    -s \
    -X POST \
    -d @<(cat <<EOF
{
    "user_id": "${user_id}",
    "date": "2018-04-02 20:30:00",
    "concert_id": "${concert_id}"
}
EOF
    ) \
    http://$ip:$port/bookings >/dev/null
```

还有脚本 clean.sh 用于清除已创建 Kubernetes 对象，保证集群全新。根据这些声明文件可创建示例服务：

❑ user

❑ booking

❑ concert

❑ mysql

8.1.2 架构预览

在原生 Kubernetes 平台部署应用时，其架构如图 8-1 所示。

图 8-1 中每台 worker 节点除运行 Kubernetes 本身服务组件外，还运行我们定义的示例服务，其中每台 worker 节点上的 kube-proxy 服务在成功创建 Pod 及 Service 后从 APIServer 获取 Pod 信息为每个服务创建 iptable 规则。默认情形下，Kubernetes 自动设置 Service 对

象的服务类型为 ClusterIP，如声明文件所示，我们在 user、booking、concert 及 mysql 的 Service 对象定义中显示设置服务类型为 ClusterIP（实际上不需要显示设置），这使得 kube-proxy 创建和更新服务的 iptable 规则，以实现服务间通信。作为 Kubernetes 集群中服务间通信的主要桥梁，当访问运行的服务时，iptable 规则将应用请求转发到真实目的地址。

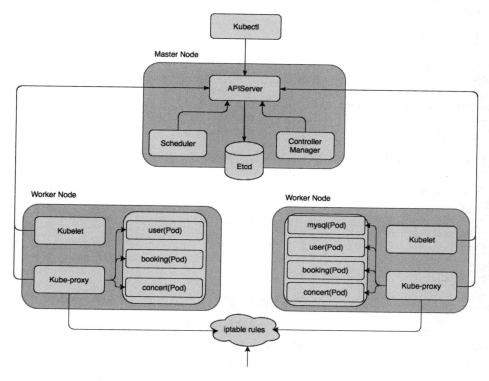

图 8-1 Kubernetes 平台部署示例应用

8.1.3 部署示例服务

根据上述服务声明文件的定义，切换到 /vagrant/k8s/8.1 目录执行 kubectl create 命令启动对应的服务：

```
# 确保 MYSQL 在其他服务之前启动
# kubectl create -f ../mysql.yaml
deployment "mysql" created
service "mysql" created
# kubectl create -f user.yaml
configmap "user-config" created
deployment "user" created
service "user" created
# kubectl create -f booking.yaml
```

```
configmap "booking-config" created
deployment "booking" created
service "booking" created
# kubectl create -f concert.yaml
configmap "concert-config" created
deployment "concert" created
service "concert" created
```

执行 kubectl get po 可验证部署是否成功:

```
# kubectl get po
NAME                        READY    STATUS     RESTARTS    AGE
booking-6549557549-8t6zx    1/1      Running    0           42s
concert-69b884b7c8-snjzk    1/1      Running    0           12s
mysql-58f6f6587b-m9wz2      1/1      Running    0           4m
user-66954cbbb9-z45hg       1/1      Running    0           1m
```

此时服务均已成功启动, 但需要验证它们之间调用是否正常工作。

 注
意 本章演示的服务均运行在 default 命名空间, 也就是为什么 ConfigMap 中访问
其他服务的地址信息比如 mysql.default:3306 包含 default, 当然, 也可省略
default。

8.1.4 验证

user、booking 和 concert 之间的调用信息是通过相应的 ConfigMap 对象定义, 且配置为对应服务的 kube-dns 记录和端口, DNS 记录被解析为 Kubernetes 随机自动分配的 VIP 地址及 Service 对象中定义的端口, 服务 VIP 和端口作为后端服务的静态访问入口。为了验证示例服务间调用是否成功, 需要进行数据初始化, 执行 initialize.sh 脚本即可完成该工作。通过命令 kubectl get svc 查看当前命名空间所有可用服务地址:

```
# kubectl get svc
NAME          TYPE        CLUSTER-IP       EXTERNAL-IP    PORT(S)     AGE
booking       ClusterIP   10.101.103.47    <none>         8181/TCP    34m
concert       ClusterIP   10.103.228.174   <none>         8182/TCP    34m
kubernetes    ClusterIP   10.96.0.1        <none>         443/TCP     4d
mysql         ClusterIP   10.98.60.183     <none>         3306/TCP    38m
user          ClusterIP   10.97.120.24     <none>         8180/TCP    34m
```

通过 ClusterIP 即可验证对应服务的健康监测状态, 如 user 服务:

```
# curl -s http://10.97.120.24:8180/healthcheck
"OKOKOK"
```

若需要验证 user、booking、concert 及 mysql 之间的连通性, 首先得执行 initialize.sh 初始化数据:

```
# bash initialize.sh
```

初始化完成后，用户信息、演唱会信息以及预定演唱会都已写入到 MySQL，因此我们可以通过 API 获取相应信息，比如通过 user 服务的接口 GET /users/{user_id}/bookings 查询用户 tom 所预定演唱会及演唱会详细信息：

```
# curl -s http://10.97.120.24:8180/users/tom/bookings | jq
{
    "tom": [
        {
            "date": "2018-04-02 20:30:00",
            "concert_name": "The best of Andy Lau 2018",
            "singer": "Andy Lau",
            "location": "Shanghai"
        }
    ]
}
```

若能正常返回上述信息，则示例服务在 Kubernetes 平台已正常运行，相互间通信顺利。

另外，在进行下一节内容讲解之前，我们需先清除已创建 Kubernetes 对象，执行如下命令即可：

```
# bash clean.sh
configmap "user-config" deleted
deployment "user" deleted
service "user" deleted
configmap "booking-config" deleted
deployment "booking" deleted
service "booking" deleted
configmap "concert-config" deleted
deployment "concert" deleted
service "concert" deleted
```

> **注意** 上述清除动作只针对 user、booking 及 concert 服务，而继续保留 mysql 避免每次创建 mysql 服务重复进行数据初始化。

默认后续内容在讲解每一节新的内容之前均执行脚本 clean.sh 清除已创建 Kubernetes 对象，确保集群保持全新。

8.2　Linkerd 作为 Kubernetes 平台的 Service Mesh 工具

通过上一节的演示，示例服务在 Kubernetes 平台已正常工作。从本节开始我们引入 Linkerd 作为 Kubernetes 平台的 Service Mesh 工具，那么引入 Linkerd 后，我们需要考虑如下几个问题。

❑ 如何部署示例应用，示例应用是否需要调整？

❑ 选择哪种模式部署 Linkerd？

❑ 是否还需要 kube-proxy 为示例服务创建用于服务间通信的 iptable 规则？

❑ 如何使得应用流量流经 Linkerd？

接下来我们逐一回答上述问题。

8.2.1　架构预览

在 Kubernetes 平台上引入 Linkerd 后，其部署架构如图 8-2 所示。

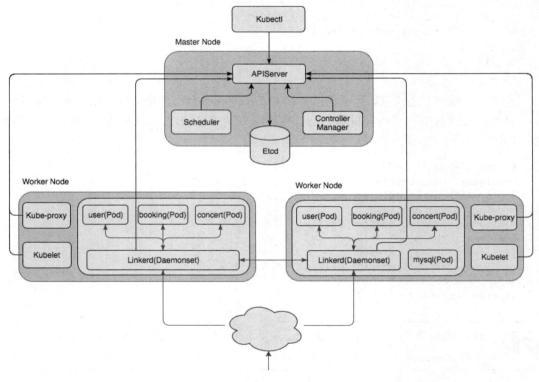

图 8-2　Kubernetes 平台部署 Linkerd 和示例应用

如图 8-2 所示，跟图 8-1 不同的是下面几点。

❑ 每个 worker 节点除示例服务外，增加部署 Linkerd 的 DaemonSet 实例。

❑ 所有 user、booking 及 concert 的流量均流经 Linkerd。

❑ 服务间通信采用 Linkerd，尽管 kube-proxy 仍然运行，但已无需为 user、booking 及 concert 等应用创建 iptable 规则。

❑ worker 节点间 Linkerd 实例直接进行通信。

对于这些不同点，在下面的讲解中逐一体现。

8.2.2 Kubernetes 平台上如何配置 Linkerd

如图 8-2 所示，我们采用 per-host 模式部署 Linkerd，通过 DaemonSet 管理 Linkerd 的生命周期，这正好匹配 Kubernetes 中 DaemonSet 的应用场景之一。还有，Linkerd 配置模式选择 linker-to-linker，即服务间通信流为：服务 <->Linkerd<->Linkerd<-> 服务，服务间不再直接通信，而是通过 Linkerd 实现。关于如何选择 per-host 或者 sidecar 模式以及 Linkerd 的配置模式，参考第 5 章 Linkerd 部署模式对比各种模式的优缺点。尽管已确定 Linkerd 部署模式及配置模式，但在定义 Linkerd 声明文件和配置 Linkerd 之前，需要明确 Linkerd 如何处理如下情形。

- ❏ 服务如何将请求路由到本机 Linkerd，即服务 <->Linkerd。
- ❏ 本机 Linkerd 收到请求后，如何路由请求到远端 Linkerd，而不是直接路由请求到目标服务，即 Linkerd<->Linkerd。
- ❏ 远端 Linkerd 收到请求后如何将请求路由到真实目标服务，即 Linkerd<-> 服务。

对第一个问题，首先，我们需要为每个 Linkerd 实例配置 outgoing 路由器，然后配置服务将输出请求路由到本机 Linkerd 实例的 outgoing 路由器，如：

```
...
routers:
  - protocol: http      # 定义 outgoing 路由器
    label: outgoing
...
```

而如何配置服务与 Linkerd 通信我们将在更新 user、booking 及 concert 服务的声明文件时讲解。

对第二个问题，本质上是 Linkerd<->Linkerd 间的直接通信问题。实际上 Linkerd 提供多种 transformer，这些 transformer 可将 interpreter 解析的地址和端口转换为特定地址和端口，如果特定地址和端口为远端 Linkerd 的地址和端口岂不完美解决问题。幸运的是 Linkerd 为 Kubernetes 平台提供的 io.l5d.k8s.daemonset 非常方便地将 Kubernetes 集群中运行 Pod 对应的地址和端口转换为某个以 DaemonSet 运行的服务对应的 IP 和端口。而正好我们将 Linkerd 运行为 DaemonSet，另外，根据第 5 章对 linker-to-linker 配置模式的介绍，该模式要求配置 outgoing 和 incoming 路由器，其分别处理输出和输入请求，因此，可配置 io.l5d.k8s.daemonset 的服务和端口对应 Linkerd 及处理输入请求的路由器的端口。据此将本机 Linkerd 的请求路由到远端 Linkerd，其配置如：

```
...
interpreter:
  kind: default
  transformers:
  - kind: io.l5d.k8s.daemonset
    namespace: default
    port: incoming
```

```
    service: l5d
    hostNetwork: true
...
```

该配置实现 Linkerd 将输出（outgoing）请求转发给目标 Linkerd，即处理输入请求的
Linkerd。另外，由于我们使用主机网络运行 Linkerd，因此设置 hostNetwork 为 true。

对第三个问题，当远端 Linkerd 处理输入请求的 Linkerd 收到请求后，Linkerd 是将请
求路由到其他机器还是与它运行在同一机器上的目标服务实例？通常情况下，最好避免将
请求再转发到其他机器，而是只转发服务请求给本地机器上运行的目标服务，因此要解决
第三个问题，仍然需要使用 Linkerd 的 transformer 机制。同样，Linkerd 专门为 Kubernetes
平台设计的 transformerio.l5d.k8s.localnode 使得 Linkerd 把请求只路由到本地机器上的目标
服务，其配置如：

```
...
interpreter:
  kind: default
  transformers:
  - kind: io.l5d.k8s.localnode
    hostNetwork: true
...
```

综上所述，我们将 Linkerd 的声明文件定义为：

```
---
apiVersion: v1
kind: ConfigMap
metadata:
  name: l5d-config
data:
  config.yaml: |-
    admin:
      ip: 0.0.0.0
      port: 9990
    namers:
    - kind: io.l5d.k8s
      host: localhost
      port: 8001
    - kind: io.l5d.rewrite
      prefix: /portNsSvcToK8s
      pattern: "/{port}/{ns}/{svc}"
      name: "/k8s/{ns}/{port}/{svc}"
    telemetry:
    - kind: io.l5d.prometheus
    - kind: io.l5d.recentRequests
      sampleRate: 0.25
    usage:
      enabled: false
    routers:
```

```
      - protocol: http
        label: outgoing
        dtab: |
          /k8s            =>    /#/io.l5d.k8s;
          /portNsSvc      =>    /#/portNsSvcToK8s;
          /host           =>    /portNsSvc/http/default;
          /host           =>    /portNsSvc/http;
          /svc            =>    /$/io.buoyant.http.domainToPathPfx/host;
        interpreter:
          kind: default
          transformers:
          - kind: io.l5d.k8s.daemonset
            namespace: default
            port: incoming
            service: l5d
            hostNetwork: true
        servers:
        - port: 4140
          ip: 0.0.0.0
        service:
          responseClassifier:
            kind: io.l5d.http.retryableRead5XX
      - protocol: http
        label: incoming
        dtab: |
          /k8s            =>    /#/io.l5d.k8s;
          /portNsSvc      =>    /#/portNsSvcToK8s;
          /host           =>    /portNsSvc/http/default;
          /host           =>    /portNsSvc/http;
          /svc            =>    /$/io.buoyant.http.domainToPathPfx/host;
        interpreter:
          kind: default
          transformers:
          - kind: io.l5d.k8s.localnode
            hostNetwork: true
        servers:
        - port: 4141
          ip: 0.0.0.0
---
apiVersion: apps/v1
kind: DaemonSet
metadata:
  labels:
    app: l5d
  name: l5d
spec:
  selector:
    matchLabels:
      app: l5d
  template:
```

```
    metadata:
      labels:
        app: l5d
    spec:
      hostNetwork: true
      dnsPolicy: ClusterFirstWithHostNet
      volumes:
      - name: l5d-config
        configMap:
          name: "l5d-config"
      containers:
      - name: l5d
        image: buoyantio/linkerd:1.3.6
        env:
        - name: NODE_NAME
          valueFrom:
            fieldRef:
              fieldPath: spec.nodeName
        args:
        - /io.buoyant/linkerd/config/config.yaml
        ports:
        - name: outgoing
          containerPort: 4140
          hostPort: 4140
        - name: incoming
          containerPort: 4141
          hostPort: 4141
        - name: admin
          containerPort: 9990
          hostPort: 9990
        volumeMounts:
        - name: "l5d-config"
          mountPath: "/io.buoyant/linkerd/config"
          readOnly: true

      - name: kubectl
        image: zhanyang/kubectl:1.9.3
        args:
        - "proxy"
        - "-p"
        - "8001"
---
apiVersion: v1
kind: Service
metadata:
  name: l5d
spec:
  selector:
    app: l5d
  clusterIP: None
  ports:
```

```
- name: outgoing
  port: 4140
- name: incoming
  port: 4141
- name: admin
  port: 9990
```

声明文件中 ConfigMap 部分定义 Linkerd 的配置，主要包括下列内容。

❑ namer 配置：其中配置两种类型 namer，其一是 Kubernetesnamer，用于 Kubernetes 集群的服务发现。另一种是工具 namer：io.l5d.rewrite，用于将匹配 /{port}/{ns}/{svc} 的 dentry 转换为 /k8s/{ns}/{port}/{svc} 形式。

❑ dtab 配置：我们配置的 dtab 主要将形如 /svc/{svc} 和 /svc/{svc}.default 的服务名字转换为 /#/io.l5d.k8s/{ns}/{port}/{svc}，其间需要利用配置的工具 namerio.l5d.rewrite 进行辅助转换。

❑ router 配置：我们配置两个路由器：incoming 和 outgoing，分别用于处理输入和输出请求，监听在端口 4140 和 4141。还有，在 outgoing 路由器配置类型为 io.l5d.k8s.daemonset 的 transformer，incoming 路由器配置类型为 io.l5d.k8s.localnode 的 transformer。

Deployment 部分启动两个容器。

❑ l5d（Linkerd 容器）：基于 ConfigMap 所定义的 Linkerd 配置启动 Linkerd 主程序。其中特别需要注意的是通过 Kubernetes 的 Downward API 配置的环境变量 NODE_NAME，由于我们使用主机网络模式部署 Linkerd，类型为 io.l5d.k8s.localnode 的 transformer 需要利用 Kubernetes 的 nodeName 即 NODE_NAME 确定哪些 Pod 运行在本机，否则在启动 Linkerd 主程序时抛出如下异常：

```
java.lang.IllegalArgumentException: NODE_NAME env variable must be set to the
node's name
```

当然，如果 Linkerd 采用非主机网络模式时，仍然需要通过 Downward API 配置 POD_IP 获取本机 IP 地址。

❑ kubectl：kubectl 主要用于解决 Linkerd 不支持与 APIServer 间进行安全通信的问题，kubectl 将与 APIServer 建立反向代理，通过 kubectl 容器与 APIServer 之间建立安全通道，Linkerd 通过代理端 8001 访问 APIServer，以此确保 Linkerd 与 APIServer 之间进行安全通信。

而 Service 部分，我们将 Linkerd 服务的 clusterIP 设置为 None，这意味着创建 headless 服务，即 Kube-proxy 无需为 Linkerd 服务创建对应的 iptable 规则。

8.2.3 运行 Linkerd

切换到 /vagrant/k8s/8.2 目录执行如下命令运行 Linkerd 服务：

```
# kubectl create -f linkerd.yaml
configmap "l5d-config" created
daemonset "l5d" created
service "l5d" created
```

通过 kubectl get po 命令查看 Linkerd 运行状态：

```
# kubectl get po
NAME                        READY      STATUS       RESTARTS      AGE
l5d-ddwv8                   2/2        Running      0             55s
l5d-sbdrv                   2/2        Running      0             55s
mysql-58f6f6587b-m9wz2      1/1        Running      0             1d
```

输出表示两个 Linkerd Pod 均正常运行，除此之外也可访问如下 URL 验证 Linkerd 是否
正常运行：

```
# curl -s http://192.168.1.12:9990/admin/ping
pong
```

8.2.4   部署示例服务

相对 8.1 节定义的示例服务声明文件，本节会做如下三点调整。

❑ ConfigMap 部分：user、booking 访问其他服务的地址发生变化，具体如下。

```
# user.yaml
...
data:
  config.json: |-
    {
        "service_endpoint": "0.0.0.0:8180",
        "dbname": "demo",
        "user": "demo",
        "password": "pass",
        "dbendpoint": "mysql.default:3306",
        "booking_service_addr": "booking.default",    # 变化前为 booking.default:8181
        "concert_service_addr": "concert.default"     # 变化前为 concert.default:8182
    }
...

# booking.yaml
...
data:
  config.json: |-
    {
        "service_endpoint": "0.0.0.0:8181",
        "dbname": "demo",
        "user": "demo",
        "password": "pass",
        "dbendpoint": "mysql.default:3306",
```

```
    "concert_service_addr": "concert.default"  # 变化前为 concert.default:8182
    }
...
```

调整后三种服务间通信时无需明确指定端口信息，Linkerd 会根据服务名字查找到对应目标服务的端口。

❑ Deployment 部分：三种服务的声明文件均增加如下配置。

```
...
env:
  - name: HOST_IP
    valueFrom:
      fieldRef:
        fieldPath: status.hostIP
  - name: http_proxy
    value: $(HOST_IP):4140
...
```

其目的是告知所有 HTTP 请求都转发到 http_proxy 指定的代理，实际上该代理即 Linkerd 的 outgoing 路由器，意味着所有输出请求都转发到 Linkerd 的 outgoing 路由器。

❑ Service 部分：三种服务的 ClusterIP 均设为 None，由于此时服务间通信均通过 Linkerd 实现，无需经过 Kube-proxy 为每个服务创建 iptable 规则，故创建 headless 服务。从这里我们可看到，如果使用 Linkerd 实现 Kubernetes 集群中服务间的通信，不但能获得 Linkerd 提供的高级负载均衡、服务发现、熔断机制、超时重试等功能，而且可降低集群中节点 iptable 规则数量，避免由太多 iptable 规则带来性能及维护困难等问题。

```
apiVersion: v1
kind: Service
...
spec:
  clusterIP: None
  ...
```

更改声明文件后通过 kubectl create 命令启动 user、booking 及 concert 服务：

```
# kubectl create -f user.yaml
# kubectl create -f booking.yaml
# kubectl create -f concert.yaml
```

启动后运行状态如：

```
# kubectl get po
NAME                         READY      STATUS       RESTARTS      AGE
booking-587f96dc67-gbjhg     1/1        Running      0             2m
concert-7d586544fb-xpvcg     1/1        Running      0             2m
l5d-ddwv8                    2/2        Running      0             1h
```

l5d-sbdrv	2/2	Running	0	1h
mysql-58f6f6587b-m9wz2	1/1	Running	0	1d
user-77654b7c55-sxmgf	1/1	Running	0	2m

8.2.5 验证

完成启动后，示例服务及 Linkerd 均已正常运行，然后验证引入 Linkerd 后服务间调用是否正常工作，由于定义 user、booking 及 concert 的 Service 时将 ClusterIP 设置为 None，故此时不再可以通过 ClusterIP 访问后端服务。但如部署架构图所示，我们通过 Linkerd 访问 Kubernetes 集群中服务，鉴于 Linkerd 使用主机网络，因此使用 Linkerd 地址及其端口即可访问集群中运行的服务。验证时仍然通过 user 服务的接口 GET /users/{user_id}/bookings 查询用户 tom 所预定演唱会及演唱会详细信息，如：

```
# curl -s -H "Host: user" http://192.168.1.13:4140/users/tom/bookings
```

执行该命令后一直处于挂起状态，没有结果返回，通过命令 kubectl logs -f l5d-ddwv8 -c l5d 查看 Linkerd 日志，发现不断打印错误信息：

```
E 0429 15:22:03.509 UTC THREAD33: retrying k8s request to /api/v1/namespaces/
default/endpoints/l5d on unexpected response code 403 with message {"kind":"Status"
,"apiVersion":"v1","metadata":{},"status":"Failure","message":"endpoints \"l5d\" is
forbidden: User \"system:serviceaccount:default:default\" cannot get endpoints in
the namespace \"default\"","reason":"Forbidden","details":{"name":"l5d","kind":"endp
oints"},"code":403}
```

该信息表明默认的 ServiceAccount 使 Linkerd 没有权限读取服务 endpoints 信息，原因是集群启用 RBAC 功能，因此需要增强默认 ServiceAccount 的权限。这里我们创建一个名为 linkerd-endpoints-reader 的 ClusterRole，赋予其访问服务 endpoints 的权限，并跟默认的 ServiceAccount 绑定，声明文件 rbac.yaml 为：

```
---
# grant linkerd permissions to enable service discovery
kind: ClusterRole
apiVersion: rbac.authorization.k8s.io/v1
metadata:
  name: linkerd-endpoints-reader
rules:
  - apiGroups: [""] # "" indicates the core API group
    resources: ["endpoints"]
    verbs: ["get", "watch", "list"]
---
kind: ClusterRoleBinding
apiVersion: rbac.authorization.k8s.io/v1
metadata:
  name: linkerd-role-binding
subjects:
```

```
  - kind: ServiceAccount
    name: default
    namespace: default
roleRef:
  kind: ClusterRole
  name: linkerd-endpoints-reader
  apiGroup: rbac.authorization.k8s.io
```

执行如下命令创建 ClusterRole 和 ClusterRoleBinding：

```
# kubectl create -f rbac.yaml
```

再次执行返回如下信息：

```
# curl -s -H "Host: user" http://192.168.1.13:4140/users/tom/bookings | jq
{
  "tom": [
    {
      "date": "2018-04-02 20:30:00",
      "concert_name": "The best of Andy Lau 2018",
      "singer": "Andy Lau",
      "location": "Shanghai"
    }
  ]
}
```

返回表明引入 Linkerd 后服务间调用依然正常工作。

8.3 服务间端到端的 TLS 加密

在微服务架构中，传统的单体应用被拆分成多个微服务，每个微服务实例被部署不同的计算节点，相互之间通过网络进行数据交换，服务间通信的安全取决于网络是否安全。但 L Peter Deutsch 在分布式系统的谬误中（https://en.wikipedia.org/wiki/Fallacies_of_distributed_computing）论述到网络是不安全的，不可信的，那么，问题来了。

❑ 如何在不安全的网络中提供安全的通信？

❑ 如何使得应用可以安全通信而安全通信机制对应用又是透明的？

❑ 如何在多语言技术栈环境实现统一的安全通信机制？

这一节我们讲解 Linkerd 提供的一个高级功能：透明 TLS 加密，通过 Linkerd 提供的 TLS 安全通信机制使得无需对应用做任何代码修改就可以将 HTTP 和 RPC 调用进行 TLS 加密，对应用完全是透明的。该功能给运维人员和开发人员带来极大好处，运维人员可以统一管理 TLS 相关事宜，不必担心多语言开发环境因为 TLS 的实现差异可能导致潜在问题的发生，同时开发人员无需关注 TLS，更不需要将其嵌入业务代码中，只需关注业务逻辑即可。我们在介绍 Linkerd 的 TLS 功能之前，先简单介绍下 SSL/TLS 相关基础知识，让大家对其有简单的认识，但更加详细的讲解超出本节内容的范围，如果大家有兴趣，可继续深入研究。

8.3.1 SSL/TLS 简介

SSL 是安全套接字的缩写，通常用于实现客户端和服务器端之间的安全通信，而 TLS 是 SSL 的升级版。总之，可认为 SSL/TLS 是一系列安全协议的组合，通过这些协议实现不安全网络环境的安全通信。通过使用 SSL/TLS，可避免一些常见的网络攻击，比如图 8-3 所示中间人攻击（man-in-the-middle），一方面，通过这种攻击方式，如果用户以明文方式发送一些关键信息如密码、口令等时，攻击者可以直接截取这些敏感信息。

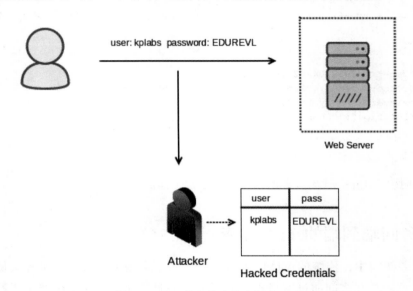

图 8-3   基于信息截取的中间人攻击

另一方面攻击者也可以篡改发送到对端的信息，伪装成可信用户，如图 8-4 所示。

实际环境中可通过 SSL/TLS 实现客户端和服务器端之间的安全通信避免这类攻击，通常有两种方式。

1. 客户端对服务器端身份认证（服务器 -> 客户端）

这种方式是最常用的一种单向安全通信方式，该方式服务器端将证书发到客户端，客户端通过本地已知可信的 CA 验证服务器端发过来的证书，如果验证成功，则服务器端是可信的，可与其建立可信通信通道，否则不可信。对不可信的服务器端，通常在访问时浏览器会告知你该服务器不可信。

2. 服务器端对客户端身份认证（服务器 <-> 客户端）

这种方式是双向的，也称 Mutual TLS，当客户端与服务器端进行 TLS 握手过程中，服务器端在发送其证书到客户端时，也向客户端发出证书请求，让客户端将其相关证书发送给服务器端，服务器端验证发送过来的客户端证书，如果验证成功，双方彼此相互可信，否则不可信。该方式客户端和服务器端需相互验证对方身份合法性。

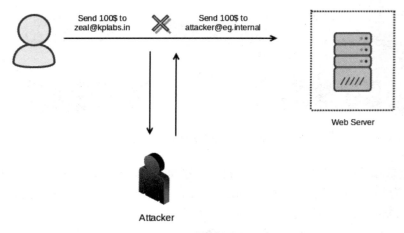

图 8-4　基于信息篡改的中间人攻击

关于 Mutual TLS，可参考 Elvin Cheng 的这篇文章（https://www.codeproject.com/Articles/326574/An-Introduction-to-Mutual-SSL-Authentication），其对 Mutual TLS 做了详细的介绍。

8.3.2　Linkerd 透明 TLS

多技术栈环境中，将 TLS 加入到应用中是一件非常困难耗时的工作，通常依赖编写应用的开发语言是否 TLS 支持或者是否有完整的开发库，而且不同语言需要重复实现，统一管理非常困难。Linkerd 作为透明代理，Service Mesh 工具，不但实现服务发现、负载均衡和熔断等保证复杂网络环境中服务间的可靠通信的功能，而且其 Proxy 的特性使得很容易实现 TLS 终止及其他安全机制，通过 Linkerd，我们可以统一地进行安全管理，无需每个应用重复实现，减轻运维和开发人员的工作量。为了使用 Linkerd 提供的透明 TLS 加密功能，Linkerd 需以 linker-to-linker 的模式运行，在启用 TLS 加密后，根据 linker-to-linker 的配置要求，客户端应用发出请求被 Linkerd 处理输出流量的路由器加密，服务器端应用收到请求之前被 Linkerd 处理输入流量的路由器解密，反之也是如此，处理过程大致如图 8-5 所示。

要使得 Linkerd 对应用请求进行加解密，我们需对 Linkerd 做如下配置。

1. 客户端 TLS

对客户端 TLS，需要配置 TLS 相关参数，它们决定当 Linkerd 发送请求时如何使用 TLS 进行加密。主要包括下列选项内容。

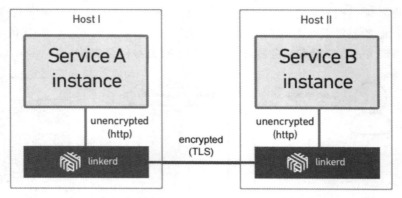

图 8-5　基于 Linkerd 实现服务间加密通信

❑ disableValidation 选项：默认为 false，其决定是否忽略主机名字验证，若将其
设置为 true，则强制使用 Java JDK SSL，但是它不支持客户端认证，因此设置
disableValidation 为 true 与客户端认证不兼容。

❑ commonName 选项：所有 TLS 请求使用的 CN，需与生成 CSR 证书时提供的 CN
一致。

❑ trustCerts 选项：可信 CA 证书列表，用于验证服务器端是否可信。

❑ clientAuth 选项：默认该选项未设置，只有当服务器端 TLS 配置项 requireClientAuth
设置为 true 时需配置该选项，服务器端通过 clientAuth 选项指定的证书及私钥验证
客户端是否可信。

根据前面第 4 章介绍 Linkerd 的 dtab 功能，一旦逻辑服务名字经 dtab 转换为客户端名
字后，根据客户端配置的连接池、负载均衡器、熔断和重试机制与远端服务建立连接进行
通信。当前版本 Linkerd 客户端配置包括：

❑ hostConnectionPool

❑ tls

❑ loadBalancer

❑ failFast

❑ requeueBudget

❑ failureAccrual

❑ requestAttemptTimeoutMs

详细配置参考官方文档（https://linkerd.io/config/1.3.6/linkerd/index.html#client-parameters）。
针对客户端配置，Linkerd 提供两种类型的客户端配置策略。

❑ 全局配置：通过 io.l5d.global 指定客户端配置为全局配置，全局配置对所有客户端生
效，默认客户端配置类型为 io.l5d.global，比如：

```
client:
  tls:
    commonName: linkerd
    trustCerts:
    - /io.buoyant/linkerd/tls/ca.crt
```

Linkerd 对所有服务使用相同 TLS 配置进行加解密。

❑ 静态配置：静态配置通过设置类型为 io.l5d.static 使得配置选项只对匹配特定规则的客户端生效，每个客户端可以配置不同配置选项，比如 A 客户端配置负载均衡器为 Heap + Least Loaded，而 B 客户端配置默认的 Power of Two Choices（P2C）+ Least Loaded 负载均衡器，其他配置如熔断机制也可根据特定需求进行按需配置。比如：

```
- protocol: http
  client:
    kind: io.l5d.static
    configs:
    - prefix: /#/io.l5d.fs
      loadBalancer:
        kind: ewma
    - prefix: /#/io.l5d.fs/{service}
      tls:
        commonName: "{service}.linkerd.io"
    - prefix: /$/inet/*/80
      failureAccrual:
        kind: io.l5d.consecutiveFailures
        failures: 10
```

而客户端 TLS，顾名思义，当然是在客户端配置，其即可配置为全局配置，针对所有客户端，每个服务使用相同的 TLS 证书进行安全通信，也可针对特定的客户端配置，即每个服务配置不同的 TLS 证书进行安全通信。

2. 服务器端 TLS

启用 TLS 的 Linkerd 服务器端接收并解密经过 TLS 加密的请求，然后将请求转发给真实服务实例。不过前提是要对服务器端做相应配置，比如证书及私钥、是否启用客户端身份认证、验证客户端身份合法性的 CA 证书。

❑ certPath：服务器端服务使用的公钥证书。

❑ keyPath：服务器端服务使用的私钥。

❑ requireClientAuth：该配置决定是否对客户端进行身份认证，如果设置为 true，根据 caCertPath 配置的 CA 对客户端进行验证，非法的客户端请求将被拒绝。

❑ caCertPath：验证客户端身份合法性的 CA 证书。

如：

```
servers:
- port: 4141
```

```
ip: 0.0.0.0
tls:
  certPath: /io.buoyant/linkerd/tls/linkerd.crt
  keyPath: /io.buoyant/linkerd/tls/linkerd.key.pk8
```

综上所述，Linkerd 不仅提供客户端对服务器端的单向身份验证，也提供服务器端对客户端的双向身份认证。而且这一切通过 Linkerd 来实现，对上层应用则是完全透明的，应用无需更改任何代码便可升级到 TLS 加密，也不用担心不同的技术栈需要重复地实现安全通信机制。

8.3.3　架构预览

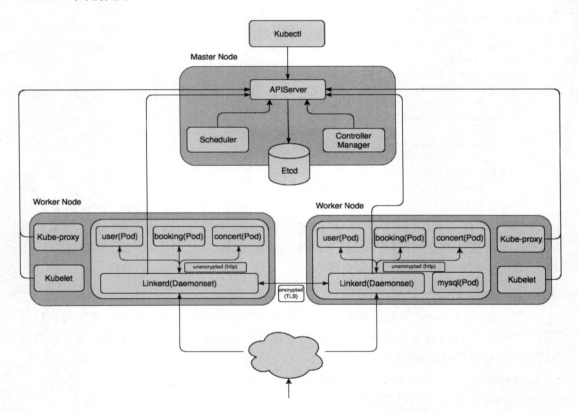

图 8-6　Kubernetes 平台基于 Linkerd 实现服务间加密通信

相比图 8-2 中的架构图，Linkerd 与 Linkerd 之间的通信由非 TLS 加密变为 TLS 加密，其他无任何变化。本节后续通过示例演示如何构建服务端到端的 TLS 加密通信，为了构建服务端到端 TLS 加密通信，首先，需要确定 Linkerd 的部署模式，如上所述，启用 TLS 加密通信的 Linkerd 需以 linker-to-linker 的模式运行。其次，生成 TLS 证书。然后配置 Linkerd 并启动服务，验证 TLS 加密是否生效。

8.3.4 生成证书

为简单起见，使用自签名的证书进行示例演示。通常我们使用 openssl 来产生 TLS 证书，但是 openssl 的配置相对复杂，这里引入一个更加简单的证书管理工具 certstrap（https://github.com/square/certstrap），通过使用 certstrap，可很方便地管理证书。演示环境中已将 certstrap 可执行文件放到 /vagrant 目录，关于 certstrap 的安装，可参考官方文档，在此不再累述，现切换到 /vagrant/k8s/8.3 目录根据以下步骤生成相关证书。

❑ 生成 CA 证书

```
# /vagrant/certstrap --depot-path certs init --passphrase "" --common-name ca
Created certs/ca.key
Created certs/ca.crt
Created certs/ca.crl
```

❑ 生成 CSR 证书

```
# /vagrant/certstrap --depot-path certs request-cert --passphrase "" --common-name linkerd
Created certs/linkerd.key
Created certs/linkerd.csr
```

❑ 证书签名

```
# /vagrant/certstrap --depot-path certs sign linkerd --passphrase "" --CA ca
Created certs/linkerd.crt from certs/linkerd.csr signed by certs/ca.key
```

完成上述步骤后，产生如下证书及私钥文件：

```
ca.key    ## 最好将该文件存放在安全的地方以防泄漏带来潜在风险
ca.crt    ## 以下三个文件将在 Linkerd 配置中使用
linkerd.key
linkerd.crt
```

8.3.5 配置 Linkerd

首先，要使用上述生成的证书配置 Linkerd，我们可根据这些证书创建 secret 对象，这样不但保证数据的机密性，而且可通过存储卷挂载到特定目录以供 Linkerd 配置使用。

```
# kubectl create secret generic tls --from-file=certs/linkerd.crt --from-file=linkerd.key.pk8=certs/linkerd.key --from-file=certs/ca.crt
secret "tls" created
```

现定义 Linkerd 声明文件，实际上 Linkerd 声明文件 linkerd-tls.yaml 跟 8.2 节几乎一致，除了以下几点不同外。

❑ ConfigMap 部分：outgoing 路由器增加客户端 TLS 配置，incoming 路由器增加服务器端 TLS 配置。

```
...
client:
    tls:
        commonName: linkerd
        trustCerts:
        - /io.buoyant/linkerd/tls/ca.crt
...


...
servers:
- port: 4141
  ip: 0.0.0.0
  tls:
    certPath: /io.buoyant/linkerd/tls/linkerd.crt
    keyPath: /io.buoyant/linkerd/tls/linkerd.key.pk8
...
```

❏ DaemonSet 部分：新增包含证书信息的存储卷，并挂载到目录 /io.buoyant/linkerd/tls。

```
...
volumes:
  - name: l5d-config
    configMap:
      name: "l5d-config"
  - name: tls
    secret:
      secretName: tls
...
volumeMounts:
  - name: "l5d-config"
    mountPath: "/io.buoyant/linkerd/config"
  - name: tls
    mountPath: "/io.buoyant/linkerd/tls"
...
```

8.3.6　运行 Linkerd 及示例服务

首先，根据上述定义的声明文件启动 Linkerd 服务：

```
# kubectl create -f linkerd-tls.yaml
```

确认启动正常后继续启动示例服务：

```
# kubectl create -f user.yaml
# kubectl create -f booking.yaml
# kubectl create -f concert.yaml
```

还要记得执行如下命令创建 ClusterRole 并与默认 ServiceAccount 绑定，否则 Linkerd 不能通过 APIServer 读取 endpoints 信息。

```
# kubectl create -f rbac.yaml
```

8.3.7　验证

同8.2节一样，我们仍然执行如下内容验证示例服务是否正常工作：

```
# curl -H "Host: user" http://192.168.1.12:4140/users/tom/bookings
null at remote address: /192.168.1.12:4141. Remote Info: Not Available
```

查看运行在192.168.1.12机器上Linkerd日志，其中最主要的信息是：

```
    WARN 0501 20:06:27.107 UTC finagle/netty4-4: Failed to initialize a channel.
Closing: [id: 0x51f5e036, L:/192.168.1.12:4141 - R:/192.168.1.12:43784]
    java.lang.IllegalArgumentException: File does not contain valid private key: /
io.buoyant/linkerd/tls/linkerd.key.pk8
    ...
    Caused by: java.security.spec.InvalidKeySpecException: Neither RSA, DSA nor EC
worked
            at io.netty.handler.ssl.SslContext.getPrivateKeyFromByteBuffer(SslConte
xt.java:1045)
            at io.netty.handler.ssl.SslContext.toPrivateKey(SslContext.java:1014)
            at io.netty.handler.ssl.SslContextBuilder.keyManager(SslContextBuilder.
java:265)
            ... 39 more
    Caused by: java.security.spec.InvalidKeySpecException: java.security.
InvalidKeyException: IOException : algid parse error, not a sequence
            at sun.security.ec.ECKeyFactory.engineGeneratePrivate(ECKeyFactory.
java:169)
            at java.security.KeyFactory.generatePrivate(KeyFactory.java:372)
            at io.netty.handler.ssl.SslContext.getPrivateKeyFromByteBuffer(SslConte
xt.java:1043)
            ... 41 more
    Caused by: java.security.InvalidKeyException: IOException : algid parse error,
not a sequence
            at sun.security.pkcs.PKCS8Key.decode(PKCS8Key.java:352)
            at sun.security.pkcs.PKCS8Key.decode(PKCS8Key.java:357)
            at sun.security.ec.ECPrivateKeyImpl.<init>(ECPrivateKeyImpl.java:73)
            at sun.security.ec.ECKeyFactory.implGeneratePrivate(ECKeyFactory.
java:237)
            at sun.security.ec.ECKeyFactory.engineGeneratePrivate(ECKeyFactory.
java:165)
            ... 43 more
    ...
    WARN 0501 20:06:27.109 UTC finagle/netty4-3: An exceptionCaught() event was
fired, and it reached at the tail of the pipeline. It usually means the last handler
in the pipeline did not handle the exception.
    java.io.IOException: Connection reset by peer
    ...
```

从日志输出可知：

❑ 私钥 /io.buoyant/linkerd/tls/linkerd.key.pk8 不合法；

❑ 连接被对端重置。

其中输出日志中还有一条信息是 IOException : algid parse error, not a sequence，产生该异常是因为通过 PKCS8Key 的 decode 方法解析私钥失败。经查证是我们生成的私钥格式为传统私钥格式（PKCS1），其格式如：

```
-----BEGIN RSA PRIVATE KEY-----
...
-----END RSA PRIVATE KEY-----
```

而 linkerd 只支持 PKCS8 格式的私钥，其格式如：

```
-----BEGIN PRIVATE KEY-----
...
-----END PRIVATE KEY-----
```

因此需要将 PKCS1 格式的私钥转为 PKCS8 格式，转换命令为：

```
# openssl pkcs8 -topk8 -nocrypt -in certs/linkerd.key -out certs/linkerd.key.pk8
```

然后删除现有 secret 再重建：

```
# kubectl delete secret tls
# kubectl create secret generic tls --from-file=certs/linkerd.crt --from-file=certs/linkerd.key.pk8 --from-file=certs/ca.crt
```

更新证书后无需删除 Linkerd，因为 ConfigMap 会自动加载更新的内容，启用 TLS 的 Linkerd 处理请求时会自动加载证书信息，此时再次执行：

```
# curl -s -H "Host: user" http://192.168.1.12:4140/users/tom/bookings | jq
{
  "tom": [
    {
      "date": "2018-04-02 20:30:00",
      "concert_name": "The best of Andy Lau 2018",
      "singer": "Andy Lau",
      "location": "Shanghai"
    }
  ]
}
```

> **注意** Kubernetes 自动更新挂载为存储卷的 ConfigMap 和 Secret，但并不是立即加载，取决于 kubelet 同步 ConfigMap 和 Secret 的周期及它们的缓存 ttl 时间之和，因此新创建 Secrettls 后立即执行上述命令可能获取不到结果。

输出已表明示例服务正常工作，需要注意的是访问示例服务通过 http 而不是 https，原因是我们在 incoming 路由器对应服务器的 4141 端口配置了证书信息，而不是在 4140 端口，因此无须通过 https 访问。

　　当然，我们也可从另一角度验证启用 TLS 时，incoming 路由器必须接收 TLS 加密的流量，现从 incoming 路由器的端口 4141 发起访问。

```
# curl -s -H "Host: user" http://192.168.1.12:4141/users/tom/bookings
```

没有任何输出，查看 192.168.1.12 上 Linkerd 的日志发现：

```
WARN 0501 21:09:27.769 UTC finagle/netty4-5: An exceptionCaught() event was
fired, and it reached at the tail of the pipeline. It usually means the last handler
in the pipeline did not handle the exception.
io.netty.handler.codec.DecoderException: io.netty.handler.ssl.
NotSslRecordException: not an SSL/TLS record: 474554202f636f6e63657274747320485454502f
312e310d0a557365722d4167656e743a206375726c2f372e32392e300d0a4163636570743a202a2f2a0d
0a486f73743a20636f6e636572740d0a0d0a
            at io.netty.handler.codec.ByteToMes
...
```

　　该异常表明 Linkerd 收到的流量未经 TLS 加密，因此 Linkerd 不能解密请求。接下来发送经过 TLS 加密的流量到 incoming 路由器看是否正常工作：

```
# curl -s -k -H "Host: user" https://192.168.1.12:4141/users/tom/bookings | jq
{
  "tom": [
    {
      "date": "2018-04-02 20:30:00",
      "concert_name": "The best of Andy Lau 2018",
      "singer": "Andy Lau",
      "location": "Shanghai"
    }
  ]
}
```

　　返回结果表明通过 incoming 路由器能正常访问 user 服务，而且 incoming 路由必须接收 TLS 加密的流量，否则将拒绝服务。

8.4　Linkerd 作为 Kubernetes 的 Ingress Controller

　　通过 8.2 节和 8.3 节的讲解，相信大家已经明白如何在 Kubernetes 平台引入 Service Mesh 工具 Linkerd，如何部署 Linkerd，如何配置服务，如何启动服务容器，如何使得 Linkerd 处理服务请求等。但是，也许大家面临另外一个问题，如何访问 Kubernetes 集群内服务？在我们的部署模式中，Linkerd 以固定端口作为 DaemonSet 运行在每个 worker 节点，因此通过其端口可访问整个集群服内务，这类似通过 NodePort 方式访问 Kubernetes 集群内服务，如果以这种方式暴露服务访问，当 worker 节点或者 IP 地址经常发生变化时，不易于维护及管理。对 Kubernetes 而言，Linkerd 作为 Service Mesh 工具，如果它能同时处理集群内部和外部请求，使得内部和外部以统一的方式工作，将有利于充分利用其提供的高级功能。基于该目的，Linkerd 实现一个专有 identifier：ingress identifier，用于将外部请求转发到 Kubernetes 集群内部，该 identifier 处理请求时依然遵从 Linkerd 数据访问流处理机制：鉴别、绑定、解析、转换和负载均衡，其中鉴别过程即 Linkerd 收到请求时与预先定义的 ingress 规则进行比较，构建服务名字。为此，Linkerd 被设计为处理外部请求的唯一入口：ingress controller，相对于其他的 ingress controller，如 ingress-nginx、haproxy-ingress 等，Linkerd 本身提供的各种功能均可应用到 ingress controller，比如动态路由、动态负载均衡、熔断机制、连接池管理、安全通信等，而这些可能正是其他 ingress controller 所欠缺的。那么，这一节内容我们将讲解如何将 Linkerd 作为 Kubernetes 的 ingress controller。

8.4.1　架构预览

首先，仍然带领大家预览 Linkerd 作为 ingress controller 的架构示意图，如图 8-7 所示。

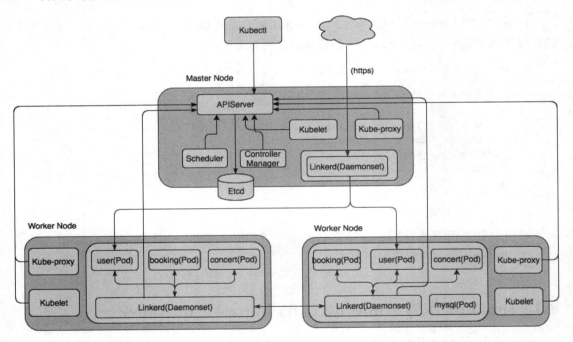

图 8-7　Linkerd 作为 Kubernetes 的 Ingress Controller

考虑到演示环境资源限制，我们把作为 ingress controller 的 Linkerd 部署到 Master 节点，实际部署时最好将其分离，部署到独立的机器。如图所示，与 8.2 节相比，此时访问 Kubernetes 集群内服务不再是通过运行在每台 worker 节点的 Linkerd，而是通过唯一入口 ingress controller 访问集群内服务。另外，我们假设 ingress controller 将请求转发到 user 服务，然后 user 服务继续通过 Linkerd 跟集群内部服务进行通信。

8.4.2 Ingress Identifer 简介

通常情况下，Kubernetes 的网络架构模型使得集群内部服务间可以正常通信，而外部访问集群内部服务的请求会被丢弃，为此，访问集群内部服务通常采用边界负载均衡器、NodePort 和 ingress 方式实现。其中 ingress 用于将外部 HTTP 请求导入到集群内部，它由一系列预先定义规则构成，支持负载均衡、SSL 终结、基于名字的虚拟主机等，通过这些规则将请求转发给集群内不同服务。为了使用 ingress 提供的功能，需要在 Kubernetes 集群中部署 ingress controller，目前广泛使用的 ingress controller 实现有 Nginx、Haproxy、Taefik 等。

 注意 当前 Kubernetes 的 ingress 还处于 beta 状态，而且只支持 HTTP 类型请求。

当 Linkerd 作为 ingress controller 时，需要为其配置一个独立的路由器，并且 identifier 必须设置为 io.l5d.ingress，该 identifier 具体配置包括以下选项。

❏ namespace：指定 ingress 对象部署的命名空间，默认是 all，即 Linkerd 监测所有命名空间的 ingress 对象。

❏ ingressClassAnnotation：默认为 linkerd，即当集群中有多个 ingress controller 时，Linkerd 只使用类别为 linkerd 的 ingress controller。

❏ ignoreDefaultBackends：默认为 false，在 Kubernetes 集群中，当定义多个 ingress 对象时，Linkerd 将逐一迭代所有 ingress 对象，返回匹配规则的第一个 ingress 对象，如果没有匹配任何规则，则返回定义有默认后端的第一个 ingress 对象，但是该返回可能是非确定性的，与预期可能不同。比如集群中已定义一个带有默认后端的 ingress 对象，现因为某种原因又定义一个带有默认后端的 ingress 对象，希望匹配失败时返回该 ingress 对象的默认后端，在默认情况下，若访问时匹配失败，由于第一个 ingress 对象先定义，故返回该 ingress 对象的默认后端，而不是第二个 ingress 对象的。此时，若 ingressClassAnnotation 将设置为 true，则 Linkerd 忽略所有默认后端，不会处理任何请求。

❏ host：Kubernetes Master 节点地址，默认 localhost。

❏ port：Kubernetes Master 节点端口，默认 8001。

比如：

```
identifier:
  kind: io.l5d.ingress
  # 其他参数为默认值
```

接下来开始介绍如何运行 Linkerd 作为 Kubernetes 的 ingress controller。

 注意 当前只有 http 和 http2 协议支持 Linkerd 作为 ingress controller。

8.4.3 配置 Lnkerd

此时，我们需要配置两种类型的 Linkerd，一种是处理集群内部请求，我们称之为内部 Linkerd，一种处理集群外部请求，我们称之为边界 Linkerd。对处理集群内部请求的 Linkerd，其配置如 8.2 节，没有任何变化，而启动 Linkerd 作为 ingress controller 的声明文件 linkerd-ingress-controller.yaml 如：

```yaml
apiVersion: v1
kind: ConfigMap
metadata:
  name: l5d-config-ingress-controller
data:
  config.yaml: |-
    admin:
      ip: 0.0.0.0
      port: 9990
    namers:
    - kind: io.l5d.k8s
      host: localhost
      port: 8001
    routers:
    - protocol: http
      identifier:
        kind: io.l5d.ingress
      servers:
        - port: 80
          ip: 0.0.0.0
          clearContext: true
      dtab: /svc  => /#/io.l5d.k8s
    usage:
      enabled: false
---
apiVersion: apps/v1
kind: DaemonSet
metadata:
  labels:
    app: l5d-ingress-controller
  name: l5d-ingress-controller
spec:
  selector:
    matchLabels:
      app: l5d-ingress-controller
  template:
    metadata:
      labels:
        app: l5d-ingress-controller
    spec:
      hostNetwork: true
      dnsPolicy: ClusterFirstWithHostNet
```

```
      tolerations:
      - key: "node-role.kubernetes.io/master"
        effect: "NoSchedule"
      nodeName: kube-master
      volumes:
      - name: l5d-config-ingress-controller
        configMap:
          name: "l5d-config-ingress-controller"
    containers:
    - name: l5d-ingress-controller
      image: buoyantio/linkerd:1.3.6
      env:
      - name: NODE_NAME
        valueFrom:
          fieldRef:
            fieldPath: spec.nodeName
      args:
      - /io.buoyant/linkerd/config/config.yaml
      ports:
      - name: http
        containerPort: 80
      - name: admin
        containerPort: 9990
      volumeMounts:
      - name: "l5d-config-ingress-controller"
      mountPath: "/io.buoyant/linkerd/config"

    - name: kubectl
      image: zhanyang/kubectl:1.9.3
      args:
      - "proxy"
      - "-p"
      - "8001"
---
apiVersion: v1
kind: Service
metadata:
  name: l5d-ingress-controller
spec:
  selector:
    app: l5d-ingress-controller
  clusterIP: None
  ports:
  - name: http
    port: 80
  - name: admin
    port: 9990
```

其中与处理内部请求 Linkerd 声明文件的不同之处如下。

❏ 路由器配置 identifier 为：io.l5d.ingress。

❑ Linkerd 服务器 clearContext 参数设置为 true，该参数告知 Linkerd 在处理输入请求之前删除通过 Linkerd 上下文设置的以 l5d- 打头的 HTTP 请求头部，以此避免将外部非安全网络环境中恶意请求转发到后端服务，通常 Linkerd 处理外部请求时最好启用。

❑ 只配置一条 dtab 规则 /svc ⇒ /#/io.l5d.k8s，Linkerd 根据 Ingress 对象中定义的后端参数 serviceName、路径、Ingress 对象所在命名空间以及 servicePort 生成 Linkerd 服务名字，然后进行后续处理。

❑ 设置 tolerations 及 nodeName 将 Linkerd 部署到 Master 节点。

8.4.4　运行 Linkerd 及示例服务

现切换到 /vagrant/k8s/8.4 目录执行命令 kubectl create 运行 Linkerd 服务：

```
# 启动处理内部请求的 Linkerd
# kubectl create -f linkerd.yaml

# 启动处理外部请求的 Linkerd
# kubectl create -f linkerd-ingress-controller.yaml
```

此时，集群有三个 Pod 运行，一个处理外部请求，另外两个处理内部请求。

```
# kubectl get po
NAME                           READY    STATUS     RESTARTS    AGE
l5d-981x2                      2/2      Running    0           2m
l5d-ingress-controller-9kvk6   2/2      Running    0           2m
l5d-ndz42                      2/2      Running    0           2m
```

启动 user、booking 及 conert 服务：

```
# kubectl create -f user.yaml
# kubectl create -f booking.yaml
# kubectl create -f concert.yaml
```

8.4.5　验证

成功启动 Linkerd 及示例服务后，我们通过 ingressLinkerd 访问集群内部服务：

```
curl -v -H "Host: user" http://192.168.1.11/users/tom/bookings
```

但一直处于挂起状态，查看 ingressLinkerd 日志发现：

```
E 0430 23:57:15.271 UTC THREAD25: retrying k8s request to /apis/extensions/
v1beta1/ingresses on unexpected response code 403 with message {"kind":"Status","
apiVersion":"v1","metadata":{},"status":"Failure","message":"ingresses.extensions
is forbidden: User \"system:serviceaccount:default:default\" cannot list ingresses.
extensions at the cluster scope","reason":"Forbidden","details":{"group":"extensions
","kind":"ingresses"},"code":403}
```

　　显然我们又遇到权限问题，与 8.2 节不同的是没有权限访问类型为 ingresses 的对象，因此在 8.2 节的 rbac.yaml 基础上增加访问 Ingress 对象的权限。

```
...
  - apiGroups: [ "extensions" ]
    resources: ["ingresses"]
    verbs: ["get", "watch", "list"]
...
```

　　并执行如下命令获取相应权限：

```
# kubectl create -f rbac.yaml
```

　　再次执行

```
curl -v -H "Host: user" http://192.168.1.11/users/tom/bookings
```

　　此时输出如下信息：

```
...
Unknown destination: Request("GET /users/tom/bookings", from /192.168.1.11:45550) /
no ingress rule matches
```

　　该信息表示我们还未创建 Ingress 规则，现根据 Kubernetes 的 Ingress 定义声明 Ingress 规则 user-ingress.yaml 如：

```
apiVersion: extensions/v1beta1
kind: Ingress
metadata:
  name: user
  annotations:
    kubernetes.io/ingress.class: "linkerd"
spec:
  rules:
  - host: user
    http:
      paths:
      - backend:
          serviceName: user
          servicePort: http
```

　　然后执行 kubectl create 创建 Ingress 规则：

```
# kubectl create -f user-ingress.yaml
```

　　此时再次执行返回：

```
# curl -s -H "Host: user" http://192.168.1.11/users/tom/bookings | jq
{
  "tom": [
    {
```

```
        "date": "2018-04-02 20:30:00",
        "concert_name": "The best of Andy Lau 2018",
        "singer": "Andy Lau",
        "location": "Shanghai"
    }
  ]
}
```

输出表明边界 Linkerd 正常工作，将外部请求转发到集群内部。

实际产线环境中，将部署多个边界 Linkerd 以实现高可用性，而本文出于演示需求，只部署一个边界 Linkerd。

另外，定义 Kubernetes 的 ingress 对象支持配置 TLS 信息，实现客户端与 ingress controller 之间的安全通信，当前，ingress 对象只支持单个 TLS 端口，即 443，还有，若 ingress 的 TLS 配置指定多个不同主机名，它们需要通过 SNI 扩展复用 TLS 端口 443，但这要求 ingress Controller 支持 SNI 扩展。目前，大部分 ingress Controller 均不支持 SNI 扩展，当然，也包括 Linkerd。那么，Linkerd 作为 ingress controller 如何支持客户端与其进行安全通信呢？实际上，Linkerd 本身已实现客户端与服务器端之间的 TLS 加密通信，因此在使用 Linkerd 作为 ingress controller 时，无需为 ingress 对象指定任何 TLS 配置信息，而且当前版本 Linkerd 也不支持指定 TLS 配置信息。下面我们看 Linkerd 作为 ingress controller 是如何实现安全通信的？为此创建另一 Linkerd 声明文件 linkerd-ingress-controller-tls.yaml，该声明文件与 linkerd-ingress-controller.yaml 几乎一样，除了以下区别。

❏ Linkerd 服务器端口从 80 变为 443。

❏ Linkerd 服务器增加 tls 部分配置：

```
tls:
  certPath: /io.buoyant/linkerd/tls/user.crt
  keyPath: /io.buoyant/linkerd/tls/user.key.pk8
```

❏ Linkerd 容器暴露端口及服务端口从 80 变为 443。

❏ Linkerd 容器挂载名为 ingress-cert 的存储卷读取证书信息。

具体参考 /vagrant/k8s/8.4 下 linkerd-ingress-controller-tls.yaml。还有，证书的生成我们使用 certstrap 工具，可在 /vagrant 目录下找到其可执行文件，以下是创建证书的过程。

❏ 生成 CA 证书

```
# /vagrant/certstrap --depot-path certs init --passphrase "" --common-name ca
Created certs/ca.key
Created certs/ca.crt
Created certs/ca.crl
```

❏ 生成 CSR

```
# /vagrant/certstrap --depot-path certs request-cert --passphrase "" --common-name
user
```

```
Created certs/user.key
Created certs/user.csr
```

❑ 证书签名

```
# /vagrant/certstrap --depot-path certs sign user --passphrase "" --CA ca
Created certs/user.crt from certs/user.csr signed by certs/ca.key
```

现根据已生成的证书创建名为 ingress-cert 的 secret 对象，以 secret 的方式将证书存储到 Kubernetes，Linkerd 通过该 secret 对象读取证书信息，不过在创建之前需要把 user.key 转化为 PKCS8 格式，否则出现 8.4 节的错误。

```
# openssl pkcs8 -topk8 -nocrypt -in certs/user.key -out certs/user.key.pk8
# kubectl create secret generic ingress-cert --from-file certs/user.crt --from-file=certs/user.key.pk8
```

启动 TLS 的 Linkerd 之前，先将现有边界 Linkerd 删除：

```
# kubectl delete -f linkerd-ingress-controller.yaml
# kubectl create -f linkerd-ingress-controller-tls.yaml
```

为了实现本机 DNS 解析，我们在 Master 节点 /etc/hosts 添加如下记录：

```
192.168.1.11 user
192.168.1.11 user.default
```

然后通过启动 TLS 的边界 Linkerd 访问集群内部服务：

```
# curl -v https://user/users/tom/bookings | jq
```

返回信息如：

```
...
curl performs SSL certificate verification by default, using a "bundle"
 of Certificate Authority (CA) public keys (CA certs). If the default
 bundle file isn't adequate, you can specify an alternate file
 using the --cacert option.
If this HTTPS server uses a certificate signed by a CA represented in
 the bundle, the certificate verification probably failed due to a
 problem with the certificate (it might be expired, or the name might
 not match the domain name in the URL).
If you'd like to turn off curl's verification of the certificate, use
 the -k (or --insecure) option.
```

表明通过内部访问时需要指定公钥证书或者指定 -k 选项忽略掉，现通过选项 --cacert 指定公钥证书后再次执行：

```
# curl -s --cacert certs/ca.crt https://user/users/tom/bookings | jq
{
  "tom": [
    {
```

```
        "date": "2018-04-02 20:30:00",
        "concert_name": "The best of Andy Lau 2018",
        "singer": "Andy Lau",
        "location": "Shanghai"
      }
    ]
}
```

如上所述，在使用 Linkerd 作为 ingress controller 时，无需为 ingress 对象指定任何 TLS 配置信息，客户端与边界 Linkerd 之间的安全通信通过配置 Linkerd 服务器 tls 配置模块即可实现。

自此，我们已验证 Linkerd 作为 ingress controller 时非 TLS 和 TLS 均正常工作。

8.5 Linkerd 作为边界流量入口

上一节我们介绍了以 Linkerd 作为 ingress controller 处理外部请求，而且可以进行 TLS 终止。这一节我们介绍另外一种从外部访问集群内部服务的机制，相对 ingress controller，该机制提供更多功能以满足各种产线需求。

8.5.1 架构预览

首先我们仍然预览部署架构图，见图 8-8。

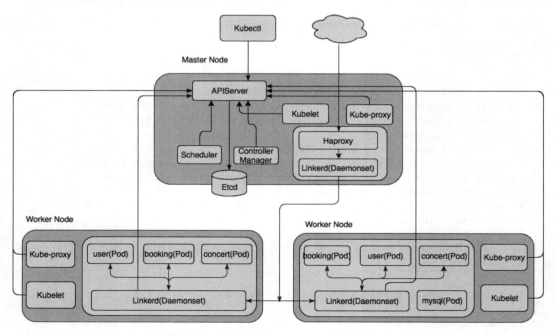

图 8-8   Linkerd 作为 Kubernetes 的边界入口

如图 8-8 所示，除新引入 HAproxy，其余组件没有任何变化，Linkerd 仍然有边界和内部之分，不过边界 Linkerd 不再作为 ingress controller，而是跟内部 Linkerd 以同样的方式运行。另外，边界 Linkerd 还是运行在 Master 节点，内部 Linkerd 运行在 worker 节点，而新引入的 HAproxy 作为边界 Linkerd 的负载均衡器，即边界负载均衡器，也运行在 Master 节点，它主要接收外部请求，并转发给边界 Linkerd，然后边界 Linkerd 再将请求转发到集群内部。实际部署时，由于 HAproxy 和边界 Linkerd 作为集群的入口，稳定性要求非常高，最好部署到专属服务器上，而且需要实现高可用。还有，这种架构下，通常将 HAproxy 和边界 Linkerd 部署到公共网络区，外部服务通过它们访问集群内部服务，而内部 Linkerd 部署到私有网络区，只有边界 Linkerd 可访问，通过网络隔离实现安全隔离。

8.5.2　Ingress Controller 局限性

尽管通过 ingress controller 将外部流量引入集群内部是一种简单有效的方法，但当前其本身设计还不是非常完善，仍在不断改进中，因此具有一定的局限性，例如下列局限性。

❏ 只支持 HTTP 流量。

❏ 只支持单个 TLS 端口 443。

❏ SNI 的支持取决于 ingress controller 是否实现。

❏ 不支持基于 cookie 进行路由。

这些局限性使得在一些复杂应用场景下不能满足需求，但是如果将 Linkerd 和 HAproxy 或 Nginx 等成熟负载均衡器结合起来使用，比如 HAproxy 和 Linkerd，HAproxy 作为 Linkerd 的负载均衡器，它除了将外部请求转发给边界 Linkerd，还可以在 HAproxy 层配置访问 ACL 规则、增加修改请求包头，设置 cookie 以及提供 SNI 支持等功能。这样 HAproxy 不但弥补 ingress controller 的一些不足，而且能保证边界和内部以相同方式进行处理，两者相辅相成，相互弥补，达到更好的效果。

8.5.3　部署内部 Linkerd 和示例服务

如图 8-8 所示，实际上内部 Linkerd 和示例服务没有任何变化，但为了确保演示环境的完整性，我们仍然需要部署内部 Linkerd 和示例服务，相关 Kubernetes 对象声明文件存放在 /vagrant/k8s/8.5，现切换到该目录。

❏ 部署内部 Linkerd

```
# kubectl create -f linkerd.yaml
```

❏ 部署示例服务

```
# kubectl create -f user.yaml
# kubectl create -f booking.yaml
# kubectl create -f concert.yaml
```

❏ 赋予 Linkerd 权限访问 Kubernetes 资源

```
# kubectl create -f rbac.yaml
```

8.5.4 部署边界 Linkerd

首先，我们配置使其访问集群内部服务。

❏ 配置边界 Linkerd

跟内部 Linkerd 相比，由于边界 Linkerd 不处理输入请求，因此只需配置单个处理输出请求的路由器即可，其声明文件配置部分如下，完整声明文件查看 linkerd-edge.yaml。

```
apiVersion: v1
kind: ConfigMap
metadata:
  name: l5d-config-edge
data:
  config.yaml: |-
    admin:
      ip: 0.0.0.0
      port: 9990
    namers:
    - kind: io.l5d.k8s
      host: localhost
      port: 8001
    - kind: io.l5d.rewrite
      prefix: /portNsSvcToK8s
      pattern: "/{port}/{ns}/{svc}"
      name: "/k8s/{ns}/{port}/{svc}"
    routers:
    - protocol: http
      label: outgoing
      servers:
      - port: 8080
        ip: 127.0.0.1
        clearContext: true
      dtab: |
        /k8s        =>    /#/io.l5d.k8s;
        portNsSvc   =>    /#/portNsSvcToK8s;
        /host       =>    /portNsSvc/http/default;
        /host       =>    /portNsSvc/http;
        /svc        =>    /$/io.buoyant.http.domainToPathPfx/host;
    interpreter:
      kind: default
      transformers:
      - kind: io.l5d.k8s.daemonset
        namespace: default
        port: incoming
        service: l5d
```

```
      hostNetwork: true
   usage:
      enabled: false
...
```

其中特别的地方是路由器的服务器监听地址为127.0.0.1，设置为该地址是因为边界Linkerd只接收HAproxy转发的流量，故只将其暴露给HAproxy，其他服务不能直接访问边界Linkerd。

❑ 运行边界 Linkerd

运行边界 Linkerd 非常简单，执行如下命令即可：

```
# kubectl create -f linkerd-edge.yaml
```

❑ 验证

一旦完成边界 Linkerd 部署，我们可通过边界 Linkerd 访问集群内部服务验证其是否正常工作，如：

```
# curl -s -H "Host: user" http://127.0.0.1:8080/users/tom/bookings | jq
{
  "tom": [
  {
    "date": "2018-04-02 20:30:00",
    "concert_name": "The best of Andy Lau 2018",
    "singer": "Andy Lau",
    "location": "Shanghai"
  }
 ]
}
```

由此可见边界 Linkerd 正常工作，能将请求转发到集群内部。

8.5.5 HAproxy 作为边界 Linkerd 负载均衡器

HAproxy 作为一种广泛部署在产线环境的高性能可靠负载均衡器，支持 4 层和 7 层负载均衡，其提供丰富的功能用于满足各种应用场景的需求。下面我们分 2 步配置 HAproxy 作为边界 Linkerd 的负载均衡器，其一是简单的负载均衡器，其二是配置 HAproxy 实现对 SNI 的支持。

1. 配置 HAproxy 作为负载均衡器

HAproxy 作为边界 Linkerd 负载均衡器的配置非常简单，下面是 HAproxy 配置的一部分，也是最重要的部分，完整配置查看 haproxy.yaml 文件。

```
frontend ingress
  bind *:80
  mode  http
  default_backend   edge
```

```
backend edge
   balance    roundrobin
   server   edge01 127.0.0.1:8080 check
```

可知 HAproxy 监听端口为 80，所有流经 80 端口的请求将被转发给后端 Linkerd，即边界 Linkerd，然后如上述，边界 Linkerd 将请求继续转发到集群内部。

2. 运行 HAproxy 及功能验证

根据 HAproxy 的声明文件 haproxy.yaml 即可将 HAproxy 部署到 Master 节点。

```
# kubectl create -f haproxy.yaml
```

由于 HAproxy 使用主机网络模式，故可通过 http://192.168.1.11:7890/stats 查看 HAproxy 运行状态。

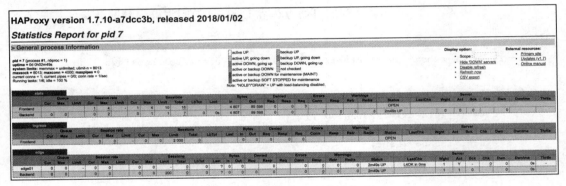

图 8-9　HAproxy 运行时统计信息

一旦 HAproxy 正常工作，我们验证是否它能将外部请求转发到集群内部，比如访问 user 服务：

```
# curl -s -H "Host: user" http://192.168.1.11/users/tom/bookings | jq
{
  "tom": [
  {
      "date": "2018-04-02 20:30:00",
      "concert_name": "The best of Andy Lau 2018",
      "singer": "Andy Lau",
      "location": "Shanghai"
  }
  ]
}
```

由此可见 HAproxy 能正常将外部请求转发到集群内部。

3. 配置 HAproxy 实现 SNI 支持

通常情况下，边界负载均衡器除了提供负载均衡外，还提供其他额外功能，比如 SSL

加密通信，以此保证客户端与服务器端进行安全通信。但是可能面临的一个问题便是如何实现多个 HTTPS 站点共享同一 IP 地址，而且每个站点使用不同的证书，尽管可通过通配符包含多个站点以及每个站点使用独立的 IP 地址实现，但是这并不是最佳方案。一方面，颁发通配符证书不是可取之道，甚至大部分公司禁止使用通配符证书；另一方面，每个站点使用独立的 IP 地址有浪费地址之举。幸而 TLS 扩展协议 SNI 可实现在相同的 IP 地址和 TCP 端口上绑定多个证书，并允许多个 HTTPS 站点使用相同 IP 地址，避免使用通配符证书和多个 IP 地址。通过在边界负载均衡器上实现 SNI 支持，允许为每个主机名提供独立的证书，正好弥补 ingress controller 当前的不足。在我们的示例中，假设要为 user 和 booking 服务配置不同的证书，但同时绑定 HAproxy 的地址。下面介绍如何配置 HAproxy 实现 SNI 支持。

❑ 首先，生成 user 和 booking 服务对应的证书：

```
# 生成 CA 证书
# /vagrant/certstrap --depot-path certs init --passphrase "" --common-name ca


# 证书请求
# /vagrant/certstrap --depot-path certs request-cert  --passphrase "" --common-
name user
# /vagrant/certstrap --depot-path certs request-cert  --passphrase "" --common-
name booking


# 证书签名
# /vagrant/certstrap --depot-path certs sign user  --passphrase "" --CA ca
# /vagrant/certstrap --depot-path certs sign booking  --passphrase "" --CA ca
```

❑ 配置 HAproxy 的 SSL 证书时，需要合并证书和私钥：

```
# cat certs/user.crt certs/user.key >certs/user.pem
# cat certs/booking.crt certs/booking.key >certs/booking.pem
```

通过合并后的证书创建 secret，然后将其以存储卷的形式挂载 HAproxy 容器，供 HAproxy 读取使用。

```
# kubectl create secret generic haproxy-certs --from-file=certs/user.pem --from-
file=certs/booking.pem
```

根据 haproxy-certs 定义 HAproxy 声明文件 haproxy-sni.yaml，相对上述 haproxy.yaml，大部分未发生变化，除以下两点。

第一：

```
...
    volumeMounts:
    - name: haproxy-config-sni
```

```
      mountPath: /etc/haproxy
  - name: haproxy-certs
    mountPath: /etc/haproxy/ssl
    volumes:
  - name: haproxy-config-sni
    configMap:
      name: haproxy-config-sni
  - name: haproxy-certs
    secret:
      secretName: haproxy-certs
```

增加存储卷，将 haproxy-certs 包含的证书挂载到目录 /etc/haproxy/ssl。

第二：

```
...
frontend ingress
  bind  *:443 ssl crt /etc/haproxy/ssl/user.pem crt /etc/haproxy/ssl/booking.pem
  mode  http
  default_backend   edge-linkerd
...
```

HAproxy 监听端口变为 443，并且绑定所创建的证书，其他配置没有任何变化。

❏　然后运行支持 SNI 的 HAproxy，但在启动之前需要删除已运行的 HAproxy。

```
# kubectl delete -f haproxy.yaml
# kubectl create -f haproxy-sni.yaml
```

启动后依然可通过 http://192.168.1.11:7890/stats 查看 HAproxy 运行状态，一切都正常后，验证配置 SNI 后是否可访问 user 和 booking 服务，验证之前先在 /etc/hosts 文件添加如下记录：

```
192.168.1.11 user
192.168.1.11 booking
192.168.1.11 concert
```

❏　将 user、booking 及 concert 指向 HAproxy 对应地址，即负载均衡器地址。

```
# 验证 user 服务
# curl -s --cacert certs/ca.crt  https://user/users/tom/bookings | jq
{
  "tom": [
  {
    "date": "2018-04-02 20:30:00",
    "concert_name": "The best of Andy Lau 2018",
    "singer": "Andy Lau",
    "location": "Shanghai"
  }
  ]
}
```

```
# 验证 booking 服务
# curl -s --cacert certs/ca.crt  https://booking/bookings/tom | jq
[
  {
    "user_id": "tom",
    "date": "2018-04-02 20:30:00",
    "concert_id": "3b2e821f-c8c3-409c-a4ca-d71289e38cb6"
  }
]
```

输出表明 HAproxy 的确实现同一地址绑定多个证书，并根据主机名将请求转发到集群内部服务。为了对比，我们通过如下方式访问 concert 服务：

```
# curl --cacert certs/ca.crt   https://concert/concerts
curl: (51) Unable to communicate securely with peer: requested domain name does not match the server's certificate.
```

由于我们只对 HAproxy 绑定 2 个证书，它们的 commonName 分别为 user 和 booking，因此访问 concert 服务时，主机名为 concert，匹配失败，故拒绝提供服务。

最后，总结一下，本节只简单配置 HAproxy，使其作为边界 Linkerd 负载均衡器，以及通过 SNI 将多个证书绑定到支持同一地址实现地址复用，演示 HAproxy 及 Linkerd 组合实现转发外部请求到集群内部。当然，其他负载均衡器如 Nginx 等同样也可实现，根据需求选取方案。如果需要配置更多 HAproxy 高级功能，如增加修改包头、设置 cookie、ACL 访问规则等，请参考 HAproxy 官方文档（http://www.haproxy.org/）。

8.6　Linkerd 作为边界出口

8.4 节和 8.5 节我们详细介绍了如何将外部请求转发到集群内部，其中一种方式是将 Linkerd 作为 ingress controller，但是该方式具有一定的局限性，不能满足一些复杂应用场景。为此引入第二种方式，仍然把 Linkerd 划分为边界和内部 Linkerd，除了边界 Linkerd 只配置一个路由器处理输出请求，两种类型的 Linkerd 几乎以相同的方式运行，同时会给边界 Linkerd 配置边界负载均衡器，通过边界负载均衡器将外部请求转发给边界 Linkerd，然后继续转发到集群内部。无论是哪一种方式，都是为了实现从集群外部到集群内部都以同样的方式访问服务，但是，有些时候需要从集群内部访问集群外部服务，比如从传统的单体服务迁移到微服务架构后，可能仍然需要访问已存在的外部服务。那么，是否可以实现从集群内部到集群外部以同样的方式访问呢？继续享有 Linkerd 提供的各种高级功能呢？答案是可以的。还有，集群内部服务都是运行在私有网络区域，为了访问外部服务，可能需要设置特定的防火墙规则放开限制，但是集群内部服务处于动态变化的环境，这使得配置端到端的防火墙规则变得异常复杂，我们又如何避免这类问题呢？

8.6.1 架构预览

首先，我们依然通过架构图了解其实现，如图 8-10 所示。

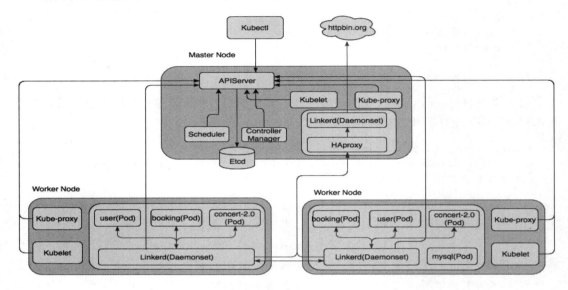

图 8-10 Linkerd 作为 Kubernetes 的边界出口

新的架构中，我们需要注意以下变化。

Master 节点上仍然运行 HAproxy 和 Linkerd 服务，不过它们的作用是跟外部服务进行通信，用于转发集群内访问外部服务的请求，作为集群内部和外部的桥梁，我们称运行在 Master 节点上的 Linkerd 为 EgressLinkerd，真实产线上可部署多个实例提高处理能力及高可用，而运行在 worker 节点上的 Linkerd 仍然称为内部 Linkerd，用于集群内部服务间通信。另外，HAproxy 被设计为 EgressLinkerd 的负载均衡器，即访问 EgressLinkerd 的入口。当从集群内部访问外部服务时，首先请求发送到 HAproxy，然后 HAproxy 再次将请求转发给 EgressLinkerd，最后通过 EgressLinkerd 访问外部服务。还有，这种机制可以很好地解决配置端到端防火墙规则复杂的问题，将配置范围从整个集群缩小到几台服务器，集中处理 EgressLinkerd 实例集群和外部服务之间的防火墙配置，不再是整个集群。

> 🔖 **注意** 真实环境中，EgressLinkerd 和 HAproxy 应该部署在专有服务器上，而不是演示环境中部署到 Master 节点。

前面章节中我们使用 concert 服务的版本为 1.0，本节则为 2.0。两个版本之间的主要区别在于 concert 服务添加演唱会信息时，版本 1.0 通过调用代码库为每场演唱会生成唯一UUID，但是版本 2.0 则通过访问外部服务地址 https://httpbin.org/uuid 生成。这就是为什么图中显示集群内部 Linkerd 与 HAproxy 之间有通信连接，其目的就是把 concert 服务访问外部服务的请求发送给 HAproxy，然后再通过 EgressLinkerd 访问外部服务 https://httpbin.org/uuid 并生成 UUID。需要注意的是，示例中我们通过调用外部服务生成 UUID，实际情况下不推荐这种方式，这里只是演示之用。

如架构描述，在集群中，无论是访问内部服务还是外部服务，都通过 Linkerd 进行，不但以统一的方式实现，而且还可获得 Linkerd 提供的各种高级功能，如重试、超时等待、熔断等。

接下来我们将实现架构图所示需求。

8.6.2 部署 EgressLinkerd

1. 配置 EgressLinkerd

对于 EgressLinkerd，其唯一作用即转发内部请求到外部服务，因此就有下述问题。

❑ 如何配置 EgressLinkerd 转发请求到外部服务？

❑ 如何访问外部 HTTPS 服务？

首先，我们假设外部服务都以 HTTPS 方式运行，这就要求 Linkerd 必须发送 TLS 流量到外部目标服务，而控制是否以及如何向外部目标服务发送 TLS 流量由 Linkerd 的 client 配置模块决定。还有，启用 HTTPS 的外部目标服务通常有自己不同的主机名，即不同的证书 commonName，因此配置客户端 TLS 时不能将类型 kind 设置为 io.l5d.global，只能是 io.l5d.static，避免使用相同的 commonName。在示例中我们将该部分配置为：

```
client:
  kind: io.l5d.static
  configs:
  - prefix: "/$/io.buoyant.rinet/443/{service}"
    tls:
      commonName: "{service}"
```

这意味着 Linkerd 向所有匹配客户端名字 "/$/io.buoyant.rinet/443/{service}" 的外部目标服务发送 TLS 流量，比如访问 https://httpbin.org/uuid 时，service 将被替换为 httpbin.org，因此 commonName 为 httpbin.org。

另外，如何转发请求到外部服务是由 EgressLinkerd 的 dtab 决定的，而且流入到 EgressLinkerd 的请求一定是访问外部服务的请求，没有任何内部服务的请求，因此我们配置如下 dtab 将请求路由到外部目标服务：

```
dtab: |
  /egress      =>    /$/io.buoyant.rinet;
  /svc         =>    /egress/443;
  /svc         =>    /$/io.buoyant.porthostPfx/egress;
```

根据该 dtab，最终会生成客户端名字形如 /$/io.buoyant.rinet/Port/DNSOrIPAddress，若 DNSOrIPAddress 为 DNS 记录时，则通过查询 DNS 对应的 IP 地址集。因此，访问 https://

httpbin.org/uuid 时，被转换为 /$/io.buoyant.rinet/443/httpbin.org，然后解析 httpbin.org 对应的 IP 地址。

综上所述，我们可定义 EgressLinkerd 的声明文件，其包括 EgressLinkerd 配置文件：

```
---
apiVersion: v1
kind: ConfigMap
metadata:
  name: l5d-config-egress
data:
  config.yaml: |-
    admin:
      ip: 0.0.0.0
      port: 9990
    telemetry:
    - kind: io.l5d.prometheus
    - kind: io.l5d.recentRequests
      sampleRate: 0.25
    usage:
      enabled: false
    routers:
    - protocol: http
      label: outgoing
      dtab: |
        /egress      =>   /$/io.buoyant.rinet;
        /svc         =>   /egress/443;
        /svc         =>   /$/io.buoyant.porthostPfx/egress;
      servers:
      - port: 4140
        ip: 0.0.0.0
      client:
        kind: io.l5d.static
        configs:
        - prefix: "/$/io.buoyant.rinet/443/{service}"
          tls:
            commonName: "{service}"
      service:
        responseClassifier:
          kind: io.l5d.http.retryableRead5XX
---
apiVersion: apps/v1
kind: DaemonSet
metadata:
  labels:
    app: l5d-egress
  name: l5d-egress
spec:
  selector:
    matchLabels:
      app: l5d-egress
```

```yaml
    template:
      metadata:
        labels:
          app: l5d-egress
    spec:
      hostNetwork: true
      dnsPolicy: ClusterFirstWithHostNet
      tolerations:
      - key: "node-role.kubernetes.io/master"
        effect: "NoSchedule"
      nodeName: kube-master
      volumes:
      - name: l5d-config-egress
        configMap:
          name: "l5d-config-egress"
      containers:
      - name: l5d-egress
        image: buoyantio/linkerd:1.3.6
        env:
        - name: NODE_NAME
          valueFrom:
            fieldRef:
              fieldPath: spec.nodeName
        args:
        - /io.buoyant/linkerd/config/config.yaml
        ports:
        - name: outgoing
          containerPort: 4140
          hostPort: 4140
      - name: admin
        containerPort: 9990
        hostPort: 9990
        volumeMounts:
        - name: "l5d-config-egress"
          mountPath: "/io.buoyant/linkerd/config"
          readOnly: true
---
apiVersion: v1
kind: Service
metadata:
  name: l5d-egress
spec:
  selector:
    app: l5d-egress
  clusterIP: None
  ports:
  - name: outgoing
    port: 4140
  - name: admin
    port: 9990
```

同 8.5 节的边界 Linkerd 一样，配置一个路由器并且只处理输出流量。

2. 启动 EgressLinkerd

切换到 /vagrant/k8s/8.6 目录，执行如下命令启动 EgressLinkerd：

```
# kubectl create -f linkerd-egress.yaml
```

然后打开 EgressLinkerd 对应的管理界面验证是否可以通过 dtab 路由到目标服务，以访问 https://httpbin.org 为例，见图 8-11。

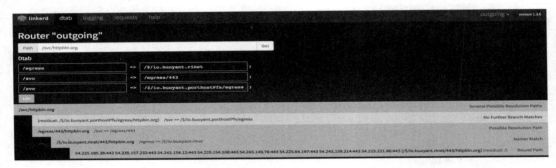

图 8-11　边界出口 Linkerd 解析外部服务

如图 8-11 可知，dtab 能路由 httpbin.org 到对应的多个 IP 地址，而且可通过 EgressLinkerd 访问 httpbin.org 并生成 UUID。

```
# curl -s -H "Host: httpbin.org" http://192.168.1.11:4140/uuid | jq
{
    "uuid": "b7a35c39-2083-4c64-af02-1be2add292d9"
}
```

3. 配置 HAproxy

如果 EgressLinkerd 有多个实例时，集群内部只能将请求转发到其中一个实例，这样会使其他实例一直处于空闲状态。若为多个 EgressLinkerd 实例配置负载均衡器，则通过负载均衡器均匀分发流量到不同实例，可实现资源充分利用。尽管示例中只有单个 EgressLinkerd 实例，我们仍然为其配置负载均衡器，以作演示之用，对多个实例的情况，只需调整 HAproxy 配置即可。

相比 8.5 节 HAproxy 的配置，本节 HAProxy 配置除以下不同外，其他部分没有任何变化，具体可参考其声明文件 haproxy.yaml。

```
frontend egress
  bind *:8888
  mode  tcp
  default_backend   egress-linkerd

backend egress-linkerd
```

```
balance      roundrobin
server    egress01 127.0.0.1:4140 check
```

需要注意的是此时 frontend 模式为 tcp，将收到的请求以 tcp 流转发给后端 Egress Linkerd。

4. 启动 HAproxy

执行如下命令启动 HAproxy 服务：

```
# kubectl create -f haproxy.yaml
```

然后验证通过 HAproxy 是否可以访问 httpbin.org 服务：

```
# curl -s -H "Host: httpbin.org" http://192.168.1.11:8888/uuid  | jq
{
  "uuid": "db7ca1ac-0aeb-4d43-8fed-5c268ddd6b94"
}
```

输出表明一切运行正常。

8.6.3　部署示例服务

前面我们已经阐述本节示例中 concert 服务升级为 2.0，其主要变化即版本 2.0 的 concert 服务通过访问 https://httpbin.org/uuid 生成 UUID，以此验证如何从集群内部访问外部服务。除了将 concert 的声明文件中 Docker 镜像版本从 1.0 更改为 2.0，即：

```
image: zhanyang/concert:2.0
```

无需对其他服务再做任何更改。

部署示例服务跟上述章节一样执行如下命令：

```
# kubectl create -f user.yaml
# kubectl create -f booking.yaml
# kubectl create -f concert.yaml
```

还有，需要赋予权限给内部 Linkerd 访问 Kubernetes 资源，因此还需执行：

```
# kubectl create -f rbac.yaml
```

8.6.4　部署内部 Linkerd

1. 配置内部 Linkerd

现在，EgressLinkerd 和 HAproxy 及示例服务都已准备好，然后我们开始配置内部 Linkerd，使得 concert 服务通过它访问外部服务生成 UUID。既然集群内服务间通信和访问外部服务同时存在，区分请求是内部服务间通信还是访问外部服务非常有必要，因此，首先需要解决该问题。我们首先来分析上述章节内部 Linkerd 的配置：

```
routers:
- protocol: http
  label: outgoing
  dtab: |
    /k8s          =>      /#/io.l5d.k8s;
    /portNsSvc    =>      /#/portNsSvcToK8s;
    /host         =>      /portNsSvc/http/default;
    /host         =>      /portNsSvc/http;
    /svc          =>      /$/io.buoyant.http.domainToPathPfx/host;
  interpreter:
    kind: default
    transformers:
    - kind: io.l5d.k8s.daemonset
      namespace: default
      port: incoming
      service: l5d
      hostNetwork: true
  servers:
  - port: 4140
    ip: 0.0.0.0
```

假如我们从集群内服务如 concert 发起访问 https://httpbin.org/uuid 生成 UUID 请求，当该请求流经内部 Linkerd 路由器端口 4140 时，接下来 dtab 将如何路由到外部服务。根据第 4 章讲解，首先构建服务名字 /svc/httpbin.org，很显然，上述 dtab 不能将其解析为外部服务。为此，我们需要添加新的 dentry 解析外部服务 httpbin.org。通常情况下，大多数外部服务通过 DNS 方式进行访问，那么 Linkerd 如何解析 DNS 为 IP 地址？事实上，Linkerd 内置的工具 namer：/$/io.buoyant.rinet 和 /$/inet 可帮助实现 DNS 到 IP 地址的解析，如我们在 EgressLinkerd 配置的一样。添加新的 dentry 后 dtab 如：

```
/egress       =>      /$/io.buoyant.rinet;
/k8s          =>      /#/io.l5d.k8s.out;
/portNsSvc    =>      /#/portNsSvcToK8s;
/host         =>      /portNsSvc/http/default;
/host         =>      /portNsSvc/http;
/svc          =>      /egress/443;
/svc          =>      /$/io.buoyant.porthostPfx/egress;
/svc          =>      /$/io.buoyant.http.domainToPathPfx/host;
```

相对前面的 dtab，新添加的三条 dentry 主要用于解析 DNS 为 IP 地址。对于新的 dtab，服务名字 /svc/httpbin.org 会被解析成什么呢？通过 Linkerd 管理界面测试如图 8-12 所示。

根据 dtab 从底部开始匹配的准则，即从 /svc=>   /$/io.buoyant.http.domainToPathPfx/host; 开始，/svc/httpbin.org 是否与集群内部服务匹配成功，如果匹配成功，则为内部服务，否则匹配内部服务失败，然后从 /svc=>/$/io.buoyant.porthostPfx/egress；开始，/svc/httpbin.org 是否能匹配成功，如图 8-12 所示，httpbin.org 被成功解析为 IP 地址和端口集。由于上述内部 Linkerd 的路由器配置包含 transformer，因此第二步解析的 IP 地址和端口集合将被

transformer 转换为内部 Linkerdincoming 路由器对应的 IP 地址和端口的集合，但是外部服务 httpbin.org 并未部署 Linkerd 服务，因此转化失败。

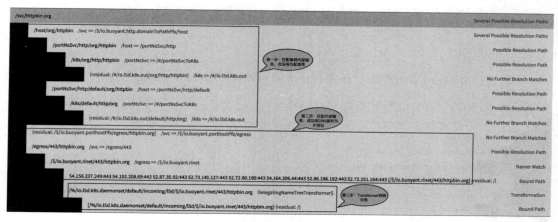

图 8-12　内部 Linkerd 解析外部服务失败

　　那么我们如何将外部服务请求和内部服务请求分开？如何规避 Linkerd 的 transformer 将外部服务进行额外的转换？如果有方法使得 transformer 只对内部服务进行转化，那问题就迎刃而解。事实上，Linkerd 已经提供方案解决这种问题，那就是将 interpreter 配置块的 transformer 配置移到 namer 配置块，这样可完美地解决上述问题。或许大家记起我们在第 3 章已经介绍过 namer 配置块和 interpreter 配置块的 transformer 区别，即 namer 中配置的 transformer 只对该 namer 解析的地址进行转换，而 interpreter 中配置的 transformer 会对所有 namer（包括工具 namer 如 /$/inet）解析的地址进行转换，范围更大。调整配置后如下：

```
namers:
- kind: io.l5d.k8s
  prefix: /io.l5d.k8s.out
  host: localhost
  port: 8001
  transformers:
  - kind: io.l5d.k8s.daemonset
    namespace: default
    port: incoming
    service: l5d
    hostNetwork: true
...
routers:
- protocol: http
  label: outgoing
  dtab: |
    /egress      =>    /$/io.buoyant.rinet;
    /k8s         =>    /#/io.l5d.k8s.out;
    /portNsSvc   =>    /#/portNsSvcToK8s;
    /host        =>    /portNsSvc/http/default;
```

```
    /host      =>    /portNsSvc/http;
    /svc       =>    /egress/443;
    /svc       =>    /$/io.buoyant.porthostPfx/egress;
     /svc      =>    /$/io.buoyant.http.domainToPathPfx/host;
  servers:
  - port: 4140
    ip: 0.0.0.0
```

再次通过 Linkerd 管理界面验证能否正确解析外部服务 httpbin.org：

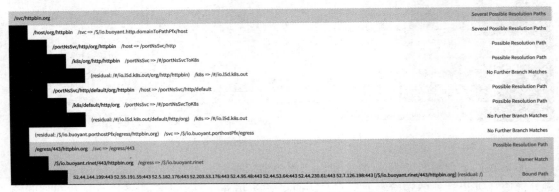

图 8-13　内部 Linkerd 成功解析外部服务

如图 8-13 所示，显示 httpbin.org 被正确解析为外部服务，不再解析为内部服务，达到预期目的。

对于上述 Linkerd 配置，如果集群内部和外部之间的网络正常连接，那可以正常工作，但是大多数时候并不是这样，网络部门会因为安全因素设置相应的防火墙策略限制访问，而为集群内所有机器设置防火墙策略，工作量将非常巨大，并且管理复杂度高，因此需要相应的方案即能访问集群外部，又能降低安全风险。通常使用代理方式实现，就如我们在架构图中展示的一样，通过一组 EgressLinkerd 代理外部请求，这样防火墙策略只针对部分服务器，而不是所有。针对这种情形，继续调整内部 Linkerd 配置，使其将外部请求转发到 EgressLinkerd，而不是直接与外部服务通信。由于 EgressLinkerd 通常会由多个实例构成，为这些 EgressLinkerd 配置负载均衡器成为必选项，那么变成我们调整内部 Linkerd 配置使其把请求转发到负载均衡器，即 HAproxy。根据上述需求，我们将内部 Linkerd 配置调整为：

```
routers:
- protocol: http
  label: outgoing
  dtab: |
    /k8s        =>    /#/io.l5d.k8s.out;
    /portNsSvc  =>    /#/portNsSvcToK8s;
    /host       =>    /portNsSvc/http/default;
    /host       =>    /portNsSvc/http;
    /svc        =>    /$/inet/192.168.1.11/8888;
```

```
    /svc      =>     /$/io.buoyant.http.domainToPathPfx/host;
  servers:
  - port: 4140
    ip: 0.0.0.0
```

该 dtab 会把非内部服务请求转发到 HAproxy 对应的地址 192.168.1.11 即 EgressLinkerd 的负载均衡器地址及监听 8888 端口，然后再转发给 EgressLinkerd，EgressLinkerd 继续与外部服务通信，而不再直接与外部服务进行通信。

根据上述信息，内部 Linkerd 声明文件 internal-linkerd.yaml 主要是 namer 配置块增加 transformer 及 dtab 的调整，其他无变化，具体可参考其完整定义。

2. 启动内部 Linkerd

现在我们执行如下命令启动内部 Linkerd：

```
# kubectl create -f linkerd-internal.yaml
```

然后验证内部 Linkerd 是否能将请求通过 HAproxy 转发到外部：

```
# curl -s -H "Host: httpbin.org" http://192.168.1.12:4140/uuid | jq
{
  "uuid": "6cf05ff7-a161-4e71-894c-80d6dbbba4ab"
}
```

由此可见内部 Linkerd 可通过 HAproxy 转发请求到外部。另外，我们还可通过版本 2.0 的 concert 服务添加一场新的演唱会信息执行更进一步验证：

```
curl \
    -s \
    -X POST \
    -H "Host: concert" \
    -d '{"concert_name": "The best of Andy Lau 2019","singer": "Andy Lau","start_
date": "2019-05-27 20:30:00","end_date": "2019-06-07 23:00:00","location":
"Shanghai","street": "Jiangwan Stadium"}' \
    http://191.168.1.12:4141/concerts | jq
{
  "id":"e3c5b1dd-6570-4b45-a90d-c9530effaab4",
  "concert_name":"The best of Andy Lau 2019",
  "singer":"Andy Lau",
  "start_date":"2019-05-27T20:30:00Z",
  "end_date":"2019-06-07T23:00:00Z",
  "location":"Shanghai",
  "street":"Jiangwan Stadium"
}
```

输出表明 concert 服务的确通过如下访问流从外部服务 httpbin.org 获取 UUID：

```
concert(v2.0)===>Linkerd(DaemonSet)===>HAproxy===>Egress Linkerd===>httpbin.org
```

除此之外，我们也可以通过内部 Linkerd 访问其他外部服务，比如百度：

```
# curl -sI -H "Host: www.baidu.com" http://192.168.1.12:4140
HTTP/1.1 200 OK
Accept-Ranges: bytes
Cache-Control: private, no-cache, no-store, proxy-revalidate, no-transform
Content-Length: 277
Content-Type: text/html
Date: Mon, 07 May 2018 14:27:24 GMT
Etag: "575e1f6f-115"
Last-Modified: Mon, 13 Jun 2016 02:50:23 GMT
Pragma: no-cache
Server: bfe/1.0.8.18
l5d-success-class: 1.0
Via: 1.1 linkerd, 1.1 linkerd
```

根据上述介绍，我们通过部署一组 EgressLinkerd 和对应的负载均衡器 HAproxy，使得集群内部服务访问外部服务时，不再有直接通信，而是通过 HAproxy 和 EgressLinkerd 转发出去。通过这种方案，一方面，外部和内部服务的访问以统一的方式进行，都可获得 Linkerd 提供的高级特性；另一方面，使用 EgressLinkerd 和 HAproxy 可降低防火墙策略的管理和配置复杂度。

8.7　基于 Linkerd 实现运行时路由

前面几节我们集中介绍了如何在 Kubernetes 平台通过 Linkerd 实现服务间如何通信、服务间加密通信、外部服务如何访问集群内部服务以及内部服务如何访问集群外服务。这一节我们将介绍 Linkerd 的另一高级功能：运行时流量路由变换，即通过特定的方式实现运行时流量路由调整，改变流量的路由方向，Linkerd 支持运行时请求级路由和全局动态路由两种方式，接下来分别介绍这两种路由调整方式。

8.7.1　运行时单个请求路由

在前面的章节大家已经知道如何通过示例服务 user 服务的 API 接口 GET /users/{user_id}/bookings 查询用户预定的演唱会及演唱会详细信息，比如用户 tom 预定的演唱会及演唱会详细信息：

```
# curl -s http://10.97.120.24:8180/users/tom/bookings | jq
{
  "tom": [
    {
      "date": "2018-04-02 20:30:00",
      "concert_name": "The best of Andy Lau 2018",
      "singer": "Andy Lau",
      "location": "Shanghai"
    }
  ]
}
```

API 接口的信息有演唱会开始时间、演唱会名字、歌手及演唱会举行城市，假设前面章节 user 服务版本为 1.0，现我们想升级该服务为 2.0，升级后的 user 服务不但返回上述信息，而且还会返回演唱会具体举行地址，如：

```
{
  "date": "2018-04-02 20:30:00",
  "concert_name": "The best of Andy Lau 2018",
  "singer": "Andy Lau",
  "location": "Shanghai",
  "street": "Jiangwan Stadium"
}
```

如上述场景，若现有环境已运行 user 服务版本 1.0，我们希望版本 2.0 服务从现有环境数据库获取数据进行验证，但不希望直接将版本 2.0 服务部署到现有环境，因为这样可能影响现有服务。也就是只将单个请求转发到后台数据库获取数据，而版本 2.0 服务可运行在开发环境，那如何实现该需求又不至于影响现有服务呢？

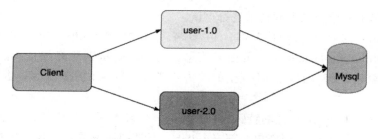

图 8-14　基于 Linkerd 实现单个请求路由

对于这样的需求，通过 Linkerd 的运行时请求级路由很容易实现，而且不会对现有环境做任何调整，也无需将新版本服务部署到现有环境，即使在开发环境也可执行，接下来介绍 Linkerd 如何实现该需求。

首先，部署示例服务及 Linkerd，相应的 Kubernetes 声明文件存放在 /vagrant/k8s/8.7 目录。其中示例服务 user，除了部署版本 1.0，还需部署版本 2.0。相对 user 服务版本 1.0 的声明文件，2.0 声明文件最主要的变化如下。

❏ 镜像版本变为 zhanyang/user:2.0。
❏ 服务名字变为 name: user-v2。

然后执行如下命令部署 Linkerd 及示例服务：

```
# kubectl create -f linkerd.yaml
# kubectl create -f rbac.yaml
# kubectl create -f user-1.0.yaml
# kubectl create -f user-2.0.yaml
# kubectl create -f booking.yaml
# kubectl create -f concert.yaml
```

在介绍如何将单个请求转发到服务特定版本之前，首先，我们介绍 Linkerd 提供的一些特殊用处的 HTTP 头部，所有这些 HTTP 头部都以 l5d- 打头，只能被 Linkerd 设置和读取。

❑ 上下文头部（Context Header）：该头部以 l5d-ctx- 打头，为了使得 Linkerd 提供的功能正常工作，应用程序应该转发这些上下文头部，比如 l5d-ctx-trace 使得 Zipkin 可正常追踪流经 Linkerd 的应用请求。

❑ 用户头部（User Header）：该头部以 l5d- 打头，用于实现用户定义的重写信息，比如通过 l5d-dtab 重写 dtab 的 dentry，改变路由方向，可将单个请求转发到服务特定版本。

❑ 信息请求头部（Informational Request Header）：该头部主要由 Linkerd 在处理输出（outgoing）请求时设置，如 l5d-dst-service 为目标请求经过鉴别后形成的服务名字（service name），而 l5d-dst-client 为绑定后形成的客户端名字（client name）。

❑ 信息响应头部（Informational Response Header）：该头部由 Linkerd 在处理输出（outgoing）响应时设置，如 l5d-err 表示 Linkerd 产生的错误信息，l5d-retryable 表示可安全地对该响应的发起请求进行重试。

关于 Linkerd 的特殊 HTTP 头部，可参考官方文档（https://linkerd.io/config/1.3.6/linkerd/index.html#http-headers）了解更多信息。另外需要特别注意的是，如果 Linkerd 作为边界入口，就应确保只有可信任安全的源头才能设置特殊 HTTP 头部，否则可造成潜在安全问题。

通过上述介绍 Linkerd 提供的特殊 HTTP 头部，也许大家已经知道如何将单个请求发送到服务特定版本，那就是使用用户头部 l5d-dtab。但是如何设置呢，我们先看当前 Linkerd 的 dtab 规则：

```
/k8s        =>   /#/io.l5d.k8s.out;
/portNsSvc  =>   /#/portNsSvcToK8s;
/host       =>   /portNsSvc/http/default;
/host       =>   /portNsSvc/http;
/svc        =>   /$/io.buoyant.http.domainToPathPfx/host;
```

任何 Linkerd 请求经过 dtab 最底下的 dentry 处理后以 /host 打头，对于 user 服务版本 1.0，由于其运行在 default 命名空间，因此转化为 /host/default/user，然后经 rewrite 转换为 /#/io.l5d.k8s.out/default/http/user，最终解析为版本 1.0 对应的 IP 地址，执行

```
# curl -s -H "Host: user" http://192.168.1.12:4140/users/tom/bookings | jq
{
  "tom": [
    {
      "date": "2018-04-02 20:30:00",
      "concert_name": "The best of Andy Lau 2018",
      "singer": "Andy Lau",
```

```
          "location": "Shanghai"
        }
      ]
    }
```

返回信息不包括演唱会具体举行地址。为了使得返回信息包括演唱会具体举行地址，我们希望将请求发送到 user 服务的版本 2.0，为此设置用户头部 l5d-dtab 为 l5d-dtab: /host/user => /portNsSvc/http/default/user-v2，其中 /host/user => /portNsSvc/http/default/user-v2 会将请求路由到版本 2.0，然后再次执行

```
# curl -s -H "l5d-dtab: /host/user => /portNsSvc/http/default/user-v2" -H "Host:
user" http://192.168.1.12:4140/users/tom/bookings | jq
{
  "tom": [
    {
      "date": "2018-04-02 20:30:00",
      "concert_name": "The best of Andy Lau 2018",
      "singer": "Andy Lau",
      "location": "Shanghai",
      "street": "Jiangwan Stadium"
    }
  ]
}
```

输出表明我们通过设置 HTTP 头部 l5d-dtab: /host/user => /portNsSvc/http/default/user-v2 实现单个请求的定向发送，而不需要对版本 1.0 做任何调整。

实际上，运行时请求路由的一个重要应用便是微服务场景下实现 staging，Linkerd 官方一篇文章（https://buoyant.io/2017/01/06/a-service-mesh-for-kubernetes-part-vi-staging-microservices-without-the-tears/）详细介绍如何通过 Linkerd 轻松实现 staging，大家可参考，其本质也是使用 Linkerd 提供的用户头部 l5d-dtab 实现。

8.7.2　基于 Namerd 实现全局动态路由

实际应用环境中，我们通常会采取各种各样的应用部署策略来进行应用升级变更，比如删除重建、滚动升级，还有蓝绿部署和金丝雀部署等，以此尽可能地降低因为应用升级导致应用宕机，提高应用可用性。关于部署策略，大家可参考 Etienne Tremel（https://thenewstack.io/deployment-strategies/）的文章深入了解各种部署策略的优缺点，如图 8-15 所示。

从图 8-15 中，我们可以看到想要选择一种合适的部署策略需要综合考虑多方面因素，如服务宕机时间、实现成本、难易程度等。而这一节我们将讨论通过 Linkerd 和 Namerd 实现金丝雀部署，无中断服务升级。关于金丝雀部署，即部署时通过设定流量切换权重逐渐将流量从一个版本向另外一个版本切换的过程，比如 V1 版本处理 90% 的流量，V2 处理

10%。如图 8-16 所示，对金丝雀部署，一段时间内运行环境中存在两种服务同时运行，直到确保新版本稳定运行后，将流量完全从旧版本迁移到新版本。那么如何通过 Linkerd 和 Namerd 实现金丝雀部署呢？其实在第 6 章我们已经谈到通过 Namerd 实现中心化统一管理所有 Linkerd 实例的 dtab 路由信息，基于该功能，管理员很方便地对整个集群 Linkerd 实例 dtab 配置实现动态变更，调整路由规则改变流量流向，而且无需重启 Linkerd 服务，保证无服务中断。

DEPLOYMENT STRATEGIES

When it comes to production, a ramped or blue/green deployment is usually a good fit, but proper testing of the new platform is necessary.

Blue/green and shadow strategies have more impact on the budget as it requires double resource capacity. If the application lacks in tests or if there is little confidence about the impact/stability of the software, then a canary, a/b testing or shadow release can be used.

If your business requires testing of a new feature amongst a specific pool of users that can be filtered depending on some parameters like geolocation, language, operating system or browser features, then you may want to use the a/b testing technique.

Container Solutions

Strategy	ZERO DOWNTIME	REAL TRAFFIC TESTING	TARGETED USERS	CLOUD COST	ROLLBACK DURATION	NEGATIVE IMPACT ON USER	COMPLEXITY OF SETUP
RECREATE version A is terminated then version B is rolled out	✗	✗	✗	■□□	■■■	■■■	□□□
RAMPED version B is slowly rolled out and replacing version A	✓	✗	✗	■□□	■■■	■□□	■□□
BLUE/GREEN version B is released alongside version A, then the traffic is switched to version B	✓	✗	✗	■■■	□□□	■■□	■■□
CANARY version B is released to a subset of users, then proceed to a full rollout	✓	✓	✗	■□□	■□□	■□□	■■□
A/B TESTING version B is released to a subset of users under specific condition	✓	✓	✓	■□□	■□□	■□□	■■■
SHADOW version B receives real world traffic alongside version A and doesn't impact the response	✓	✓	✗	■■■	□□□	□□□	■■■

图 8-15　常见部署策略

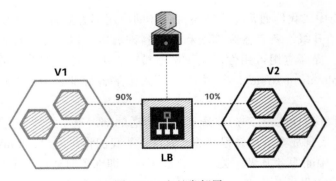

图 8-16　金丝雀部署

1. 架构预览

参考本章 8.2 节部署 Linkerd 的架构，我们在此基础上部署 Namerd。

如图 8-17 所示，我们在 Master 节点部署 Namerd 服务，同时每个 worker 节点上的 Linkerd 不再直接与 APIServer 进行通信，而是连接到 Namerd，关于这种连接方式的优点在第 6 章已详细介绍。另外，部署 Namerd 后，管理人员可以通过 namerctl 或 Namerd 提供的 API 对 dtab 实现动态更改，无需重启服务。

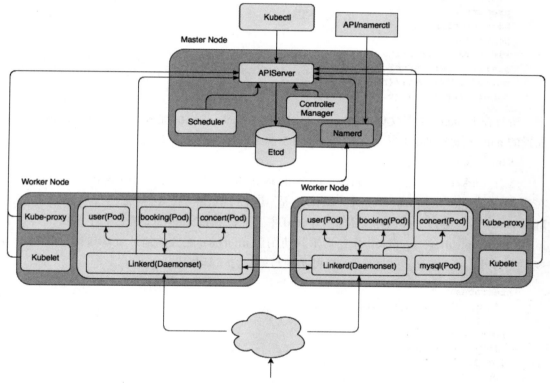

图 8-17 Kubernetes 平台部署 Linkerd/Namerd 及示例应用

2. 部署 Namerd

根据第 6 章对 Namerd 配置的介绍，我们需要将原来 Linkerd 配置的 namer 和 dtab 信息移到 Namerd，而 Linkerd 则通过 Namerd 提供的相应接口动态获取。在进行后续内容介绍之前，需执行如下命令删除已部署的 Linkerd 服务和 user 版本 2.0：

```
# kubectl delete -f linkerd.yaml
# kubectl delete -f user-2.0.yaml
```

1）配置 Namerd 配置

我们通过 ConfigMap 配置 Namerd 配置文件 config.yaml，其中最主要的三部分：namer、

storage 和 interface。

❏ namer

```
namers:
- kind: io.l5d.k8s
  prefix: /io.l5d.k8s.out
  host: localhost
  port: 8001
- kind: io.l5d.k8s
  prefix: /io.l5d.k8s.in
  host: localhost
  port: 8001
- kind: io.l5d.rewrite
  prefix: /portNsSvcToK8s
  pattern: "/{port}/{ns}/{svc}"
  name: "/k8s/{ns}/{port}/{svc}"
```

所有在 Linkerd 配置文件中的 namer 信息均移到 Namerd 的配置文件 config.yaml，此处配置的 namer 跟 Linkerd 中配置的没有任何本质上的区别。

❏ interface

远端 Linkerd 通过连接 interface 配置的地址和存储在 Namerd 中的 dtab（实际存放在后端存储中，比如 Kubernetes、Consul 等）进行名字解析，这里我们配置两种类型的 interface，其一是 io.l5d.mesh，远端 Linkerd 主要连接到该 interface 进行名字解析，其二是 io.l5d.httpController，namerctl 命令行工具使用该 interface 配置的地址及端口信息管理 dtab 规则，另外，该 interface 提供的 API 可实现与第三方工具集成。

```
interfaces:
- kind: io.l5d.httpController
  ip: 0.0.0.0
  port: 4180
- kind: io.l5d.mesh
  ip: 0.0.0.0
  port: 4321
```

❏ storage

Namerd 支持将 dtab 存放到不同的存储系统中，常见的比如 Kubernetes、Consul 等。为了简单起见，本文将 dtab 就存放到 Kubernetes 本身，通过 Kubernetes 的 ThirdPartyResource 或者 CustomResourceDefinition 很容易实现。但 ThirdPartyResource 要求 Kubernetes 必须是 1.2 以上版本，由于 ThirdPartyResource 在 Kubernetes 1.8 后被移除，因此建议 1.7 以上版本使用 CustomResourceDefinition。不过在使用 ThirdPartyResource 或者 CustomResourceDefinition 时都需要验证当前 Kubernetes 是否已启动这两项功能。对于 ThirdPartyResource，可通过 https://\$APIServer/apis/extensions/v1beta1，若已启动，则返回结果包含 ThirdPartyResource。而 CustomResourceDefinition 执行 https://\$APIServer/apis/apiextensions.k8s.io/v1beta1，返回需包

含 CustomResourceDefinition，否则未启动。

为了将 dtab 存于 Kubernetes，事先需定义 CustomResourceDefinition 如：

```
kind: CustomResourceDefinition
apiVersion: apiextensions.k8s.io/v1beta1
metadata:
  name: dtabs.l5d.io
spec:
  scope: Namespaced
  group: l5d.io
  version: v1alpha1
  names:
    kind: DTab
    plural: dtabs
    singular: dtab
```

除此之外还需 storage 配置：

```
storage:
  kind: io.l5d.k8s
  host: localhost
  port: 8001
  namespace: default
```

Namerd 配置文件详细信息参考声明文件 namerd.yaml 中名为 namerd-config 的 ConfigMap。

2）创建 dtab

我们将 8.7.1 节中 Linkerd 包括处理输出（outgoing）和输入（incoming）流量的 dtab 分别对应到 Namerd 中命名空间（namespace）：outgoing 和 incoming，每个命名空间包括相应的 dtab，然后通过脚本 createNs.sh 实现对应的 dtab 的创建：

```
#!/bin/sh
set -e
if namerctl dtab get outgoing > /dev/null 2>&1; then
  echo "outgoing namespace already exists"
else
  echo "
  /k8s        =>    /#/io.l5d.k8s.out;
  /portNsSvc  =>    /#/portNsSvcToK8s;
  /host       =>    /portNsSvc/http/default;
  /host       =>    /portNsSvc/http;
  /svc        =>    /$/io.buoyant.http.domainToPathPfx/host;
  " | namerctl dtab create outgoing -
fi

if namerctl dtab get incoming > /dev/null 2>&1; then
  echo "incoming namespace already exists"
else
  echo "
  /k8s        =>    /#/io.l5d.k8s.out;
```

```
/portNsSvc   =>    /#/portNsSvcToK8s;
/host        =>    /portNsSvc/http/default;
/host        =>    /portNsSvc/http;
/svc         =>    /$/io.buoyant.http.domainToPathPfx/host;
" | namerctl dtab create incoming -
fi
```

该脚本将被封装到 ConfigMap 中，通过创建 Kubernetes 提供的 Job 将 ConfigMap 中的脚本挂载到存储卷，最终该 Job 执行脚本 createNs.sh 实现 dtab 的创建，实际上使用 namerctl 命令行工具创建，并将其存储到 Kubernetes 中，Job 定义如：

```
kind: Job
apiVersion: batch/v1
metadata:
  name: namerctl
spec:
  template:
    metadata:
      name: namerctl
    spec:
      volumes:
      - name: namerctl-script
        configMap:
          name: namerctl-script
          defaultMode: 0755
      containers:
      - name: namerctl
        image: linkerd/namerctl:0.8.6
        env:
        - name: NAMERCTL_BASE_URL
          value: http://mesh.default.svc.cluster.local:4321
        command:
        - "/namerctl/createNs.sh"
        volumeMounts:
        - name: "namerctl-script"
          mountPath: "/namerctl"
          readOnly: true
      restartPolicy: OnFailure
```

另外，存放脚本的 ConfigMap 和 Job 配置均定义在 namerd.yaml 中，可在 /vagrant/k8s/8.7 目录找到。

3. 启动 Namerd

完成 Namerd 配置后，根据上述配置启动 Namerd 服务，其中声明文件 namerd.yaml 中定义启动 Namerd 服务的 Deployment 如：

```
kind: Deployment
apiVersion: apps/v1
metadata:
```

```
      name: namerd
spec:
  replicas: 1
  selector:
    matchLabels:
      app: namerd
  template:
    metadata:
      labels:
        app: namerd
    spec:
      dnsPolicy: ClusterFirst
      tolerations:
      - key: "node-role.kubernetes.io/master"
        effect: "NoSchedule"
      nodeName: kube-master
      volumes:
      - name: namerd-config
        configMap:
          name: namerd-config
      containers:
      - name: namerd
        image: buoyantio/namerd:1.3.6
        args:
      - /io.buoyant/namerd/config/config.yml
      ports:
      - name: http
        containerPort: 4180
      - name: mesh
        containerPort: 4321
      - name: admin
        containerPort: 9991
      volumeMounts:
      - name: "namerd-config"
        mountPath: "/io.buoyant/namerd/config"
        readOnly: true
      - name: kubectl
        image: zhanyang/kubectl:1.9.3
        args:
        - "proxy"
        - "-p"
        - "8001"
```

该 Deployment 中有两点需要注意。

❑ 通过 tolerations 和 nodeName 设置将 Namerd 部署到 Master 节点，实际环境中尽量将其部署专有节点。

❑ 类似部署 Linkerd，额外启动容器 kubectl 实现 Namerd 与 APIServer 之间的安全访问。

然后执行如下命令启动 Namerd 服务：

```
# kubectl create -f namerd.yaml
```

其中 namerd.yaml 包括所有构建 Namerd 服务所需要的配置信息，具体可查看 /vagrant/
k8s/8.7 目录。

启动后我们通过如下 URL 可验证 Namerd 服务是否正常启动：

```
# curl -s http://10.104.171.172:9991/admin/ping
pong
```

输出表明 Namerd 服务已经正常启动。另外可通过 Namerd 的管理界面查看脚本
createNs.sh 是否成功创建 dtab 规则，由于不能直接访问 Namerd 管理界面，这里执行 wget
-q http://10.104.171.172:9991 -O - 简单验证，但是执行后一直处于等待状态，没有任何输
出，但 Namerd 服务已经正常启动，什么原因使其一直处于等待状态呢？

查看 Namerd 的日志发现：

```
# kubectl logs -f namerd-5f85fdbcd9-kgc45 -c namerd
E 0522 15:49:26.741 UTC THREAD31: retrying k8s request to /apis/l5d.io/v1alpha1/
namespaces/default/dtabs on unexpected response code 403 with message {"kind":"
Status","apiVersion":"v1","metadata":{},"status":"Failure","message":"dtabs.l5d.
io is forbidden: User \"system:serviceaccount:default:default\" cannot list dtabs.
l5d.io in the namespace \"default\"","reason":"Forbidden","details":{"group":"l5d.
io","kind":"dtabs"},"code":403}
...
```

Namerd 输出表明我们对创建的 CustomResourceDefinition 资源没有相应操作权限，由
于 Kubernetes 默认启用 RBAC，导致不能使用脚本 createNs.sh 创建 dtab（如果到 Job 对
应的容器 namerctl 中执行 createNs.sh，也一直处于等待状态），还有，无论是通过 Namerd
管理界面还是 API 接口，都不能从 Kubernetes 中读取相应的 dtab。那么，我们需要创建
RBAC 策略放开相应权限，具体如：

```
kind: ClusterRole
apiVersion: rbac.authorization.k8s.io/v1
metadata:
  name: namerd-dtab-storage
rules:
  - apiGroups: ["l5d.io"]
    resources: ["dtabs"]
    verbs: ["get", "watch", "list", "update", "create"]
---
kind: ClusterRoleBinding
apiVersion: rbac.authorization.k8s.io/v1
metadata:
  name: namerd-role-binding
subjects:
  - kind: ServiceAccount
    name: default
    namespace: default
```

```
roleRef:
  kind: ClusterRole
  name: namerd-dtab-storage
  apiGroup: rbac.authorization.k8s.io
```

然后执行如下命令更新 RBAC 策略：

```
# kubectl apply -f rbac-namerd.yaml
```

此时，如果打开 Namerd 的管理界面，能看到命名空间 outgoing 和 incoming 对应的 dtab 信息，如图 8-18 所示。

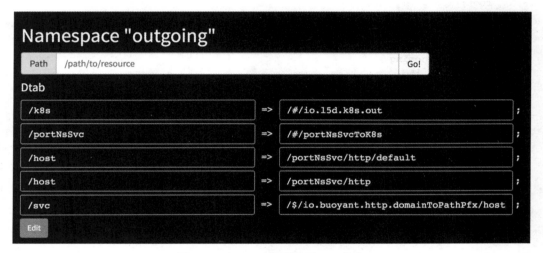

图 8-18 Namerd 管理界面 dtab 信息

因此需要提醒大家，如果集群启用 RBAC，则需创建相应 RBAC 策略，否则 APIServer 拒绝执行相应的请求。

4. 部署 Linkerd

完成 Namerd 服务启动后，如架构图所示，我们需要配置 Linkerd 使得它通过 Namerd 从 Kubernetes 中获取相应服务的信息。为了连接 Namerd，需要对 Linkerd 配置做如下调整。

❏ 首先，移除配置文件中 namer 配置块相关信息，如上所述，所有 Linkerd 配置文件中 namer 信息配置到 Namerd。

❏ 其次，移除 dtab 信息，将其存储到 Namerd 的后端存储 Kubernetes 中。

❏ 最后，配置 interpreter，使得 Linkerd 通过访问远端 Namerd 服务进行名字解析。

调整后 Linkerd 配置如：

```
admin:
  ip: 0.0.0.0
  port: 9990
telemetry:
```

```
    - kind: io.l5d.prometheus
    - kind: io.l5d.recentRequests
      sampleRate: 0.25
usage:
    enabled: false
routers:
- protocol: http
  label: outgoing
  interpreter:
    kind: io.l5d.mesh
    dst: /$/inet/namerd.default.svc.cluster.local/4321
    root: /outgoing
    transformers:
    - kind: io.l5d.k8s.daemonset
      namespace: default
      port: incoming
      service: l5d
      hostNetwork: true
  servers:
  - port: 4140
    ip: 0.0.0.0
  service:
    responseClassifier:
      kind: io.l5d.http.retryableRead5XX
- protocol: http
  label: incoming
  interpreter:
    kind: io.l5d.mesh
    dst: /$/inet/namerd.default.svc.cluster.local/4321
    root: /incoming
    transformers:
    - kind: io.l5d.k8s.localnode
      hostNetwork: true
  servers:
  - port: 4141
    ip: 0.0.0.0
```

显然 Linkerd 配置已不包括 namer 和 dtab 信息，而是通过 interpreter 调用远端 Namerd 进行名字解析，其中 interpreter 的 dst 字段配置为我们在 Namerd 中配置的 io.l5d.mesh 接口对应的地址信息。

然后通过 Linkerd 的声明文件 linkerd-namerd.yaml 启动 Linkerd 服务：

```
# kubectl create -f linkerd-namerd.yaml
```

打开 Linkerd 的管理界面，如果能看到我们在 Namerd 中定义并存储到 Kubernetes 的 dtab 详细信息，表明 Linkerd 已经能正常连接到 Namerd 服务。

5. 验证金丝雀部署

假设当前环境中运行 user、booking 和 concert 服务，其中 user 的版本为 1.0，现在我们希望以金丝雀部署模式将 user 服务升级到版本 2.0，使得新版本 user 服务经过验证后无缝升级，整个过程无中断发生。

❑ 第一阶段，部署 user、booking 和 concert 服务，其中 user 为 1.0。

```
# kubectl create -f user-1.0.yaml
# kubectl create -f booking.yaml
# kubectl create -f concert.yaml
```

此时执行 curl -s -H " Host: user" http://192.168.1.12:4140/users/tom/bookings | jq，应输出如下信息：

```
{
  "tom": [
  {
    "date": "2018-04-02 20:30:00",
    "concert_name": "The best of Andy Lau 2018",
    "singer": "Andy Lau",
    "location": "Shanghai"
  }
]
}
```

通过 user 服务 1.0 版本查询预订演唱会相关信息时只返回其举行城市，但没有具体地址。

❑ 第二阶段，user 服务的 1.0 和 2.0 版本同时存在，其他不变。

首先需要部署服务 2.0 版本，

```
# kubectl create -f user-2.0.yaml
```

根据 8.8.1 节介绍，此时可使用 Linkerd 提供的特殊 HTTP 头部 l5d-dtab 访问服务 2.0 版本，返回与 1.0 版本不同的信息，需注意的是默认情形下访问 1.0 版本，如：

```
# curl -s -H "l5d-dtab: /host/user => /portNsSvc/http/default/user-v2" -H "Host:
user" http://192.168.1.12:4140/users/tom/bookings | jq
{
  "tom": [
  {
    "date": "2018-04-02 20:30:00",
    "concert_name": "The best of Andy Lau 2018",
    "singer": "Andy Lau",
    "location": "Shanghai",
    "street": "Jiangwan Stadium"
  }
]
}
```

但是，通过这种方式有一缺点，即该方式只针对单一请求，每次请求时需提供特殊 HTTP 头部 l5d-dtab，而且请求只能路由到指定版本的服务，不能同时路由到不同版本的服务。根据金丝雀部署的要求，整个过程是动态实现，根据设置的流量权重比率动态路由到不同版本进行处理，而且对用户是透明的。基于第 4 章所介绍的内容，我们知道 Linkerd 的 dtab 规则支持权重机制，如 dtab 规则 /svc/enabled/mesh => 5 * /#/io.l5d.consul/dc1/canary/mesh & 5 * /#/io.l5d.consul/dc1/noncanary/mesh; 使得访问 mesh 服务时，请求以 50% 的比例分别路由到标签为 canary 和 noncanary 对应的 mesh 服务实例。因此，我们可使用类似的方法，即在现有 dtab 基础上增加 dentry 如：

```
/host/user       =>    9 * /portNsSvc/http/default/user & 1 * /portNsSvc/http/
default/user-v2;
```

实现访问 user 服务的请求动态路由到 1.0 和 2.0 版本。根据 Namerd 提供的 API 接口，我们可动态地更改 dtab 规则，无需对 Namerd 和 Linkerd 做重启操作，更改 dtab 后 Linkerd 能动态感知变化。现假设增加上述 dentry 后现有命名空间 outgoing 和 incoming 对应的 dtab 配置文件为 outgoing-canary-step2.dtab 和 incoming-canary-step2.dtab，然后通过命令行工具 namerctl 进行运行时动态更改 dtab 规则：

```
# export NAMERCTL_BASE_URL=http://10.107.79.84:4180
# /vagrant/namerctl dtab update outgoing outgoing-canary-step2.dtab
# /vagrant/namerctl dtab update incoming incoming-canary-step2.dtab
```

其中 10.107.79.84 为 Namerd 服务的 VIP 地址，通过 kubectl get svc namerd 查询。查询更改后的 dtab 规则为：

```
# /vagrant/namerctl dtab get outgoing
# version MTkzNTM4MA==
/k8s        => /#/io.l5d.k8s.out ;
/portNsSvc  => /#/portNsSvcToK8s ;
/host       => /portNsSvc/http/default ;
/host       => /portNsSvc/http ;
/host/user  => 9.00*/portNsSvc/http/default/user & /portNsSvc/http/default/user-v2 ;
/svc        => /$/io.buoyant.http.domainToPathPfx/host ;
```

如果我们向 user 发起 100 个请求，按照 dtab 中设置，应该约有 10% 的请求被路由到 user 的 2.0 版本。

```
# for i in {1..100} ; do curl -s -H "Host: user" http://192.168.1.12:4140/users/
tom/bookings| jq '.tom|.[]|(.street == "Jiangwan Stadium")'|grep true; done
true
true
true
true
true
true
true
true
true
```

输出表明大约 10% 的请求会返回用户预订演唱会的具体举行地址。另外，我们从 Linkerd 的管理界面能看到服务 user 的 1.0 和 2.0 版本请求数量更加直观的走势信息，如图 8-19 所示。

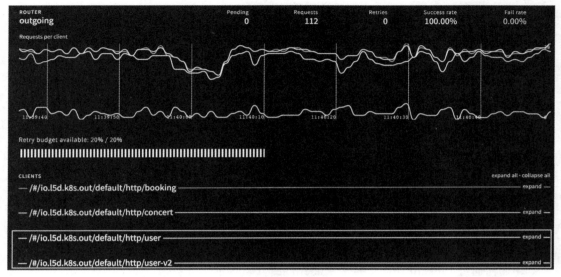

图 8-19　金丝雀部署

❑ 第三阶段，user 服务的 1.0 和 2.0 版本同时存在，但请求不再路由到 1.0 版本。

经过一段时间的测试验证，在确保 2.0 版本服务没有发生任何问题后，可将服务从 1.0 版本切换到 2.0 版本。切换过程非常简单，更改 dtab 规则 /host/user => 9.00*/portNsSvc/ http/default/user & /portNsSvc/http/default/user-v2 ; 为 /host/user => /portNsSvc/http/default/ user-v2 ; ，然后执行如下命令：

```
# /vagrant/namerctl dtab update incoming incoming-canary-step3.dtab
# /vagrant/namerctl dtab update outgoing outgoing-canary-step3.dtab
```

更新 dtab 规则后 user 的请求只会路由到 2.0 版本，尽管 1.0 和 2.0 版本同时存在，但 dtab 规则已决定不会再向 1.0 路由任何请求，而 1.0 版本可保留一定时间，以便 2.0 发生问题时快速回滚到 1.0 版本。若再次执行如下命令，你能可看到所有到服务 user 的请求均返回如下信息。

```
# curl -s -H "Host: user" http://192.168.1.12:4140/users/tom/bookings| jq
{
  "tom": [
  {
      "date": "2018-04-02 20:30:00",
      "concert_name": "The best of Andy Lau 2018",
      "singer": "Andy Lau",
```

```
        "location": "Shanghai",
        "street": "Jiangwan Stadium"
      }
  ]
}
```

❑ 第四阶段，只存在 user 服务 2.0 版本

经过第三阶段的验证，如果 2.0 版本没有遇到任何问题，我们可决定将 1.0 版本服务移除，执行 kubectl delete -f user-1.0.yaml 移除服务。

自此，我们通过 Namerd 演示如何一步一步实现一次完整的金丝雀部署，但在真实环境中，实现金丝雀部署还需要做很多事情以及依赖完整流程和持续集成、持续部署系统，使得整个过程完全自动化，尽量避免因为手动操作带来的误操作，保证最大限度的成功。

8.8 总结

本章内容主要围绕如下问题进行讲述。

❑ 如何部署 Linkerd 使得运行在 Kubernetes 上的服务间通信由 Linkerd 负责？
❑ 使用 Linkerd 后 Kubernetes 平台服务部署有什么变化？
❑ 如何通过 Linkerd 访问运行于 Kubernetes 集群内的服务？
❑ Kubernetes 集群内部服务又如何访问外部服务？
❑ 如何实现 Kubernetes 集群内服务间 TLS 加密通信？
❑ 如何通过 Linkerd 实现服务流量运行时动态切换？

其中 8.2 节介绍如何在 Kubernetes 集群中部署 Linkerd 及服务，通过 Linkerd 管理服务间的通信；8.3 节介绍通过 Linkerd 实现服务间端到端的 TLS 加密，确保服务间通信安全；8.4 节介绍使用 Linkerd 作为 Kubernetes 的 Ingress Controller 将外部请求转发 Kubernetes 集群内部，但 Ingress Controller 本身一些缺陷使得不能适用于一些复杂场景。因此，在 8.5 节我们介绍另一种将外部请求转发到内部集群的方法，把 Linkerd 分为边界和内部，其中边界 Linkerd 只接受外部请求，然后转发到集群内部，通过在边界 Linkerd 前端配置广泛应用的负载均衡软件如 HAproxy 和 Nginx，边界 Linkerd 和前端负载均衡软件构成一个完整的边界入口并处理外部请求。与之相对的是，集群内部服务如何访问外部服务，在 8.6 节我们详细介绍如何通过 Linkerd 访问外部服务，以及如何构建 Linkerd 避免防火墙策略管理的复杂性。最后，8.7 节主要介绍如何通过 Namerd 实现运行时单个请求的路由以及全局动态路由，以实现金丝雀部署为例讲解 Namerd 动态路由机制提供的好处。

第 9 章 *Chapter 9*

开发 Linkerd 插件

众所周知,无论是闭源还是开源软件,衡量软件质量的一个重要指标便是可扩展性。如果开发的软件具有很强的可扩展性,那么,软件使用者或者第三方开发人员便可以基于其主体框架扩展出自定义功能,解决特殊需求。而 Linkerd 作为目前产线应用最多的 Service Mesh 产品,它具有非常强的可扩展性,它提供的各个模块,如 namer、interpreter、identifier、transformer 等都是相互独立的,每个模块独立开发维护。一方面,使用者可以直接使用这些官方提供的模块;另一方面,可对它们进行自定义,开发满足特定需求的插件,无论是 namer、indentifier 还是其他模块,都可以自定义。本章我们将带领大家学习如何开发 Linkerd 自定义插件,通过开发一个自定义的 identifier,帮大家理解 Linkerd 模块开发框架,并帮助大家厘清开发自定义插件的依赖条件及相应步骤。完成本章内容的学习,大家将具备开发 Linkerd 各种插件的能力。

9.1 Linkerd 模块开发框架

首先,在开始开发自定义 Linkerd 插件之前,我们需要了解 Linkerd 是如何构建各个功能模块的,创建功能模块时又需要实现哪些依赖。通过了解这些以便我们遵循 Linkerd 当前的准则及框架开发自定义插件。经过阅读 Linkerd 代码可知,其模块开发框架如图 9-1 所示。

Linkerd 模块开发框架大致如图 9-1 所示。其中第三和四层是对第二层抽象类的具体逻辑实现。第二层是抽象层,各个功能模块将负责实现具体逻辑,它们从第一层扩展而来。而最上层,也就是第一层,是整个 Linkerd 模块开发的源头,几乎所有模块的实现都要从顶层扩展来的。接下来我们从最底层（第四层）开始逐一介绍。首先，如图 9-1 我们能看到第四层其实包括三种类型的功能模块：identifier、namer、interpreter，每种类型的功能模块由不同的功能组件构成，比如 namer 模块包括 io.l5d.consul（Consul），io.l5d.k8s（K8S）等，identifier 包括 HeaderTokenIdentifier、IngressIdentifier 等，其中每个功能组件实现特定具体功能。如图 9-1 所示，除了我们列出的三种功能模块，Linkerd 还支持其他功能模块。实际上，当构建 Linkerd 功能组件时，一方面需要实现本身逻辑功能，另一方面，还需要实现另外两部分逻辑，其一是功能组件对应的配置类，其二是功能组件对应的配置初始化器。图 9-1 中所示第三层分别是 identifier（HeaderTokenIdentifier 和 IngressIdentifier）、namer（Consul 和 K8S）、interpreter（Mesh 和 Fs）对应的配置类和配置初始化器。因此，一个完整的功能组件通常由三部分组成：功能组件本身、配置类及配置初始化器。比如 HeaderTokenIdentifier、HeaderTokenIdentifierInitializer 及 HeaderTokenIdentifierConfig，它们三者组合实现 HeaderTokenIdentifier 的完整功能。另外，在第三层列出的配置类及配置初始化器，实际上它们都是第二层 identifier、namer 和 interpreter 模块对应的抽象配置类及配置初始化器的具体实现。然而第二层的抽象类又是从第一层的 PolymorphicConfig 和 ConfigInitializer 扩展而来，Linkerd 中几乎所有模块都需要扩展 PolymorphicConfig 和 ConfigInitializer，它们是所有模块的源头。

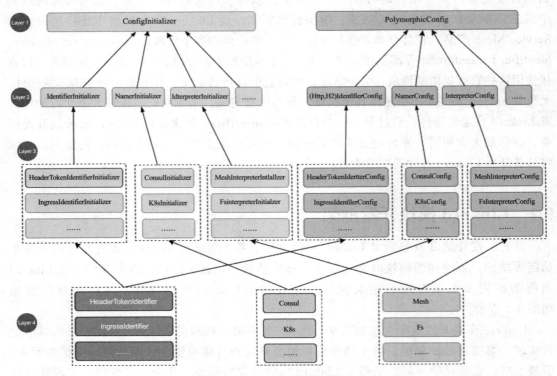

图 9-1　Linkerd 模块开发框架

现在我们已经对 Linkerd 中构建模块的框架有了一定的了解，因此构建功能模块时需要扩展与顶层 PolymorphicConfig 和 ConfigInitializer 创建模块对应的抽象配置类和抽象配置初始化器，然后实现对应的抽象类，最后实现具体功能组件。通过查阅 Linkerd 代码可知，几乎所有的模块均遵循该准则。但通常情况下，在构建特定功能的组件时，我们并不需要直接扩展顶层的 PolymorphicConfig 和 ConfigInitializer，只需实现第二层对应的抽象类即可。假设我们需要构建一个自定义特定功能的 identifier 组件，并且该 identifier 只用于 HTTP 协议，因此我们需要实现第二层的 HttpIdentifierConfig 和 IdentifierInitializer 抽象类，当然还有功能组件本身逻辑的实现。

大多数情况下，尽管我们不需要扩展顶层 PolymorphicConfig 和 ConfigInitializer，但仍然需要详细了解顶层 PolymorphicConfig 和 ConfigInitializer 的具体作用，首先，对于 PolymorphicConfig，如其名字，它主要用于定义模块的配置，构建功能模块时可根据具体需求进行扩展，其代码为：

```
abstract class PolymorphicConfig {
  @JsonProperty("kind")
  var kind: String = ""
}
```

其 kind 字段表示每个模块配置都将包含 kind 配置。而配置初始化器 ConfigInitializer，它其实是 Scala 特征（Trait），Trait 类似 Java 的接口，提供接口，具体行为由它的实现者提供，除此之外，Trait 还可以定义属性及方法实现。具体代码为：

```
trait ConfigInitializer {
  def configClass: Class[_]
  def configId: String = configClass.getName

  lazy val namedType = new NamedType(configClass, configId)

  def registerSubtypes(mapper: ObjectMapper): Unit =
    mapper.registerSubtypes(namedType)
}
```

根据 Trait 的性质，扩展 ConfigInitializer 特征的类必须定义属性 configClass 和 configId。当 Linkerd 启动时，它会自动加载实现该 Trait 的类，告诉 Linkerd 将使用哪个配置类。接着使用 kind 字段解析 Linkerd 配置，通过 kind 字段查找实现 PolymorphicConfig 的配置类，然后将 Linkerd 配置中字段为 kind 的配置块反序列化为 configClass 对应配置类的实例。例如配置初始化器类为：

```
class CanaryIdentifierInitializer extends IdentifierInitializer {
  override val configClass = classOf[CanaryIdentifierConfig]
  override val configId = CanaryIdentifierConfig.kind
}
```

配置类为：

```
object CanaryIdentifierConfig {
  val kind = "io.l5d.canary"
  val defaultHeader = Fields.Host
}
case class CanaryIdentifierConfig(
  header: Option[String] = None,
  domain: Option[String] = None
) extends HttpIdentifierConfig {
  ...
}
```

Linkerd 的配置为：

```
...
identifier:
  kind: io.l5d.canary
  domain: service.consul
...
```

根据上述可知，利用 kind: io.l5d.canary 将如上配置反序列化到配置类 CanaryIdentifier-Config。还有，为了确保 Linkerd 启动时自动加载配置初始化器，必须在代码目录 META-INF/services 创建功能模块对应的资源文件，比如 identifier，资源文件为 io.buoyant.linkerd.IdentifierInitializer，其中包括实现具体功能的 identifier：

```
io.buoyant.linkerd.protocol.http.HeaderIdentifierInitializer
io.buoyant.linkerd.protocol.http.HeaderTokenIdentifierInitializer
io.buoyant.linkerd.protocol.http.MethodAndHostIdentifierInitializer
io.buoyant.linkerd.protocol.http.PathIdentifierInitializer
io.buoyant.linkerd.protocol.http.StaticIdentifierInitializer
io.buoyant.linkerd.protocol.http.IngressIdentifierInitializer
io.buoyant.linkerd.protocol.http.istio.IstioIdentifierInitializer
io.buoyant.linkerd.protocol.http.istio.IstioIngressIdentifierInitializer
```

如上是当前 Linkerd HTTP 协议内置支持的 identifier。如果是自定义的 identifier 及其他插件，同样需要在相应资源文件中添加。

9.2　如何开发自定义插件

清楚了解 Linkerd 模块开发框架后，便根据其框架开发任何自定义的插件。接下来我们通过开发一个自定义 identifier 插件详述其流程。

9.2.1　需求定义

首先，需要明确自定义 identifier 插件到底要提供什么功能，跟现有 Linkerd 支持的 identifier 有什么不同。我们称即将开发的自定义 identifier 插件为 canaryIdentifier，其主要功能是在访问服务时嵌入特定 HTTP 头部，根据设置的头部标识判断是否需要启用金丝雀部署。如果需要，则 Linkerd 将服务请求依据预先设置的比率路由到不同版本服务（canary 和 nocanary 版本），控制不同版本服务接收并处理请求的比例。反之，禁用金丝雀部署，所有请求路由到服务的稳定版本，不会发生 Linkerd 将请求路由到不同版本的服务。除此之外，我们还可通过 HTTP 头部设置全局标识使得 Linkerd 将所有服务请求路由到不同版本，启用所有服务实现金丝雀部署，而不是单个服务。如上所述，canaryIdentifier 插件正好弥补上一章通过 Namerd API 更改 dtab 路由规则实现金丝雀部署的一些缺点，该 identifier 使得管理员无需每次在启用金丝雀部署时重复不断地更改 dtab，只在需要启用金丝雀部署的服务请求 HTTP 头部嵌入启用标识即可。

9.2.2　环境准备

由于 Linkerd 是基于 Scala 开发的，因此我们在开发 identifier 插件 canaryIdentifier 时，在开发环境需要安装 Java JDK 和 Scala 运行时依赖，还有，安装 Scala 代码编译工具 sbt。除使用 Scala 之外，也可以直接使用 Java 开发 Linkerd 的各种插件，本文采用 Scala 开发。另外，我们将采用 Docker 容器验证插件 canaryIdentifier 是否正常工作，因此还得安装 Docker 及 Docker-compose。

- ❏ Java JDK: 1.8.0_144，要求版本 1.8.0+
- ❏ Scala：2.12.4+
- ❏ sbt: 1.0+
- ❏ Docker: 1.13.1+
- ❏ Docker-compose: 1.14.0+
- ❏ Consul、Registrator 及 Nginx（用做服务注册、发现及插件功能验证）

关于 Java JDK、Docker 的安装参考第 2 章，而 Scala、sbt，则从官方安装下载地址下载并参考安装文档进行安装配置。另外，参考官方安装文档（https://docs.docker.com/compose/install）对 Docker-compose 进行安装。

注意　本章开发环境是 Mac 机，也在 Mac 机上进行测试及功能验证。

9.2.3　代码开发

完成开发环境的准备，接下来我们根据上述 Linkerd 模块开发框架进行 identifier 插件 canaryIdentifier 的开发，主要包括以下几个步骤。

- ❏ 创建代码目录

在开发环境下创建源码路径，比如：

```
$ mkdir -p $HOME/devops/linkerd/plugins
```

然后根据如下代码目录结构创建对应的子目录：

```
├── canary-identifier
│   └── src
│       └── main
│           ├── resources
│           │   └── META-INF
│           │       └── services
│           └── scala
│               └── io
│                   └── zhanyang
│                       └── http
│                           └── identifiers
├── docker
│   └── www
└── project
```

其中 canary-identifier 目录主要存放源代码；docker 目录用于存放验证 canaryIdentifier 是否正常工作需要的配置或资料，比如 docker-compose.yaml、nginx 静态文件等；project 主要存放编译代码的配置文件，比如 build.properties 文件。

现开始开发构成 canaryIdentifier 插件的三部分代码：canaryIdentifier 本身逻辑代码、配置类代码及配置初始化器代码，相应源文件存放于 identifiers 目录：CanaryIdentifier. scala、CanaryIdentifierConfig.scala 及 CanaryIdentifierInitializer.scala。

❑ 配置类 CanaryIdentifierConfig

首先，定义 canaryIdentifier 插件所需要的配置信息，由于 canaryIdentifier 基于 HeaderTokenIdentifier，因此仍然保留其现有配置项 header。此外，新增配置项 domain，主要是为了解决当 header 设置为 Host 时，若对应的头部包括域名信息，则将域名信息移除，以剩余部分作为名字到服务注册中心查找服务，如 Host 头部值为 nginx.service.consul，则移除 .service.consul，然后到 Consul 中查询对应服务信息。

```scala
/**
* 配置类
*/

object CanaryIdentifierConfig {
val kind = "io.l5d.canary"
val defaultHeader = Fields.Host
}

case class CanaryIdentifierConfig(
header: Option[String] = None,
domain: Option[String] = None,
) extends HttpIdentifierConfig {

@JsonIgnore
override def newIdentifier(
```

```
                              prefix: Path,
                              baseDtab:() => Dtab = () => Dtab.base
                      ) = CanaryIdentifier(
        prefix,
        header.getOrElse(CanaryIdentifierConfig.defaultHeader),
        domain.getOrElse(""),
        baseDtab
      )
    }
```

由于该插件只支持 HTTP 协议，因此 CanaryIdentifierConfig 扩展抽象类 HttpIdentifier-Config 并增加新配置项，而不是扩展 H2IdentifierConfig 抽象类。

❏ 配置初始化器 CanaryIdentifierInitializer

完成配置类 CanaryIdentifierConfig 后，接着开发对应的配置初始化器，使得 Linkerd 在启动时对其自动加载，以便将配置反序列化为 CanaryIdentifierConfig 类的实例。相对 CanaryIdentifierConfig，CanaryIdentifierInitializer 比较简单，代码如下：

```
/**
 * 配置初始化器
 */
class CanaryIdentifierInitializer extends IdentifierInitializer {
  override val configClass = classOf[CanaryIdentifierConfig]
  override val configId = CanaryIdentifierConfig.kind
}

object CanaryIdentifierInitializer extends CanaryIdentifierInitializer
```

其扩展抽象类 IdentifierInitializer 并重定义字段 configClass 和 configId。同时，还需要在 services 目录下创建资源文件 io.buoyant.linkerd.IdentifierInitializer，并将 io.zhanyang. http.identifiers.CanaryIdentifierInitializer 写入到文件。

❏ CanaryIdentifier 逻辑

CanaryIdentifier 包括我们自定义插件的核心逻辑，即如何将请求路由到目的地址，在整个 Linkerd 数据访问流中鉴别过程，也就是构建 Linkerd 服务名字。其代码如下：

```
/**
 * CanaryIdentifier 本身逻辑实现
 */
case class CanaryIdentifier(
  prefix: Path,
  header: String,
  domain: String,
  baseDtab: () => Dtab = () => Dtab.base
) extends RoutingFactory.Identifier[Request]{

  val ALLOWED_OPTIONS = List("enabled", "disabled")

  private[this] def mkPath(path: Path): Dst.Path = {
```

```
        Dst.Path(prefix ++ path, baseDtab(), Dtab.local)
    }

    /**
      * extractCanaryOption extracts the service specified by headerValue if
enable canary
      * deployment or not
      * @param headerValue is the service name
      * @param option specifies if enable canary deployment of not
      * @return
      */
    def extractCanaryOption(headerValue: String, option: String): String = {
      /**
        * remove of domain from service name when headerValue includes domain
        * e.g nginx.service.consul, will remove of service.consul
        */
      var svc = ""
      if (headerValue.endsWith(domain)) {
        val index = headerValue.indexOf(domain)
        svc = headerValue.substring(0, index-1)
      } else {
        svc = headerValue
      }

      if (option contains '=') {
        val svcAndTag = option.split("=")
        if (svc.equals(svcAndTag(0))) {
          if (ALLOWED_OPTIONS contains svcAndTag(1)) {
            return svcAndTag(1)
          }
        }
      } else {
        if (ALLOWED_OPTIONS contains option) {
          return option
        }
      }

      "disabled"
    }

  def apply(req: Request): Future[RequestIdentification[Request]] = {
    req.headerMap.get(header) match {
      case None | Some("") =>
        Future.value(new UnidentifiedRequest(s"$header header is absent"))
      case Some(value) =>
        val identified = Try {
          val option = req.headerMap.getOrElse("X-Service-Mesh-Canary", "disabled")
          val tag = extractCanaryOption(value, option)

          /**
```

```
          * build Linkerd service name with tag and Header value like
          * /svc/enabled/nginx.service.consul
          */
        val dst = mkPath(Path.Utf8(tag, value))
        new IdentifiedRequest(dst, req)
      }
      Future.const(identified)

    }
  }
}
object CanaryIdentifier {
  def default(prefix: Path, header: String, domain: String, baseDtab: () => Dtab = () =>
Dtab.base): CanaryIdentifier =
    new CanaryIdentifier(prefix, Fields.Host, "", baseDtab)
}
```

其中方法 extractCanaryOption 从 HTTP 请求头部提取标识信息判断是否启用金丝雀部署。CanaryIdentifier 允许的合法标识包括 disabled 和 enabled，其中 HTTP 请求头部格式为 X-Service-Mesh-Canary: ${servce_name}=${tag} 或 者 X-Service-Mesh-Canary: ${tag}，如 X-Service-Mesh-Canary: nginx=enabled。第一种格式我们称为静态模式，只对 ${servce_name} 对应的服务生效；而第二种格式为全局模式，对所有服务生效。Linkerd 一旦从头部解析到标识信息，方法 apply 便会通过获取的标识和 header 选项配置的头部对应的值构建服务名字：val dst = mkPath（Path.Utf8（tag, value)），最终生成形如 /${prefix}/ ${tag}/ ${header-value} 的服务名字，比如 /svc/enabled/nginx.service.consul，然后遵循 Linkerd 数据访问流继续进行处理。

至此，CanaryIdentifierConfig、CanaryIdentifierInitializer 和 CanaryIdentifier 三者构成我们自定义的 identifier 插件。

9.2.4 编译

下面我们通过 sbt 将上述代码编译成 jar 包，然后进行测试验证。

首先，我们在目录 canary-identifier 下新建文件 build.sbt，其内容如下：

```
def twitterUtil(mod: String) =
  "com.twitter" %% s"util-$mod" %  "6.45.0"

def finagle(mod: String) =
  "com.twitter" %% s"finagle-$mod" % "6.45.0"

def linkerd(mod: String) =
  "io.buoyant" %% s"linkerd-$mod" % "1.3.6"

val canaryIdentifier =
  project.in(file("canary-identifier")).
```

```
    settings(
    inThisBuild(List(
      organization := "io.zhanyang",
      scalaVersion := "2.12.1",
      version      := "0.1"
      )),
    name := "canaryIdentifier",
    resolvers ++= Seq(
      "twitter" at "https://maven.twttr.com",
      "local-m2" at ("file:" + Path.userHome.absolutePath + "/.m2/repository")
    ),
    libraryDependencies ++=
      finagle("http") % "provided" ::
      twitterUtil("core") % "provided" ::
      linkerd("core") % "provided" ::
      linkerd("protocol-http") % "provided" ::
      Nil,
    assemblyOption in assembly := (assemblyOption in assembly).value.
copy(includeScala = false)
    )
```

定义插件代码目录、机构信息、Scala 版本、插件版本信息、插件名字信息以及其他依赖信息，具体上述所示。

其次，在目录 project 下创建文件 build.properties 和 plugins.sbt，内容分别为：

```
// build.properties
sbt.version=1.0.3
```

```
//plugins.sbt
addSbtPlugin("com.eed3si9n"         % "sbt-assembly"    % "0.14.5")
```

准备好编译插件所需的信息，切换到 $HOME/devops/linkerd/plugins 目录，并执行如下命令进行编译：

```
$ sbt assembly
```

编译成功后输出如下信息：

```
[info] Loading settings from idea.sbt ...
[info] Loading global plugins from /Users/zhanyang/.sbt/1.0/plugins
[info] Loading settings from plugins.sbt ...
[info] Loading project definition from /Users/zhanyang/devops/linkerd/plugins/
project
[info] Loading settings from build.sbt ...
[info] Set current project to plugins (in build file:/Users/zhanyang/devops/
linkerd/plugins/)
[info] Updating {file:/Users/zhanyang/devops/linkerd/plugins/}plugins...
[info] Updating {file:/Users/zhanyang/devops/linkerd/plugins/}canaryIdentifier...
[info] Done updating.
```

```
[info] Done updating.
[info] Including: scala-library-2.12.1.jar
[info] Compiling 3 Scala sources to /Users/zhanyang/devops/linkerd/plugins/
canary-identifier/target/scala-2.12/classes ...
[info] Checking every *.class/*.jar file's SHA-1.
[info] Merging files...
[warn] Merging 'META-INF/MANIFEST.MF' with strategy 'discard'
[warn] Strategy 'discard' was applied to a file
[info] SHA-1: 16f5e5bd1f480a9e3a9602c67e1347b759d28032
[info] Packaging /Users/zhanyang/devops/linkerd/plugins/target/scala-2.12/
plugins-assembly-0.1.jar ...
[info] Done packaging.
[info] Done compiling.
[info] Checking every *.class/*.jar file's SHA-1.
[info] Merging files...
[info] SHA-1: 35e9782c18b9e26a16ac6a352cbbff67cfb7c107
[info] Packaging /Users/zhanyang/devops/linkerd/plugins/canary-identifier/
target/scala-2.12/canaryIdentifier-assembly-0.1.jar ...
[info] Done packaging.
[success] Total time: 17 s, completed May 15, 2018 10:48:59 PM
```

输出表明成功将代码编译成 jar 包 canaryIdentifier-assembly-0.1.jar，位于目录 /Users/zhanyang/devops/linkerd/plugins/canary-identifier/target/scala-2.12。

9.2.5 安装

Linkerd 插件的安装非常简单，只需将编译的插件 jar 包存放到 $L5D_HOME/plugins 目录即可。Linkerd 主程序启动时会自动加载 $L5D_HOME/plugins 目录下的插件。另外，根据 CanaryIdentifierConfig 的定义，还需要在 Linkerd 配置文件中配置如下信息：

```
identifier:
  kind: io.l5d.canary
  domain: service.consul
```

启动 Linkerd 后，一种简单的验证自定义的插件是否成功加载的方法是打开调试模式，设置 -log.level=DEBUG，如果成功加载，在 Linkerd 日志中可发现如下信息：

```
D 0515 23:54:24.784 UTC THREAD1: LoadService: loaded instance of class
io.zhanyang.http.identifiers.CanaryIdentifierInitializer for requested service
io.buoyant.linkerd.IdentifierInitializer
```

完整的 Linkerd 配置 linkerd.yaml 为：

```
admin:
  port: 9990
  ip: 0.0.0.0

namers:
- kind: io.l5d.consul
```

```
            prefix: /io.l5d.consul
            host: consul
            port: 8500
            includeTag: true
            setHost: false
            useHealthCheck: true

        routers:
        - protocol: http
          identifier:
            kind: io.l5d.canary
            domain: service.consul
          dtab: |
            /disabled      => /#/io.l5d.consul/dc1/noncanary;
            /enabled       => 1 * /#/io.l5d.consul/dc1/canary & 9 * /#/io.l5d.consul/dc1/
noncanary;
            /svc/disabled  => /$/io.buoyant.http.subdomainOfPfx/service.consul/disabled;
            /svc/enabled   => /$/io.buoyant.http.subdomainOfPfx/service.consul/enabled;
          servers:
          - ip: 0.0.0.0
            port: 4140
```

其中 dtab 路由规则中 /enabled => 1 * /#/io.l5d.consul/dc1/canary & 9 * /#/io.l5d.consul/
dc1/noncanary; 预先设定当启用金丝雀部署时 Linkerd 将请求转发到 canary 和 noncanary 版本
服务的权重比例，即转发 10% 的请求到 canary 版本，转发 90% 的请求到 noncanary 版本。

9.2.6　验证

为了验证自定义的插件是否正常工作，我们通过 Docker-compose 启动两个 Nginx 容器
nginx-noncanary 和 nginx-canary。然后通过 Registrator 将两个 Nginx 容器以标签 noncanary
和 canary，服务名字为 nginx 注册到服务注册中心 Consul。当访问 Nginx 服务时，容器
nginx-noncanary 返 回 Hey buddy, i'm normal Nginx service!!，而 nginx-canary 返 回 Hey
buddy, i'm canary Nginx service!!。详细信息参考 docker 目录下的 docker-compose.yaml：

```
    version: '2'

    services:
      consul:
        image: consul
        container_name: consul
        ports:
        - "8500:8500"

      registrator:
        image: gliderlabs/registrator
        container_name: registrator
        network_mode: host
        volumes:
```

```
    - /var/run/docker.sock:/tmp/docker.sock
    command: >
      -internal
      consul://localhost:8500
  depends_on:
  - consul


nginx-noncanary:
  image: nginx
  container_name: nginx-noncanary
  # 使用 Registrator 注册服务需要的信息：服务名字和标签
  environment:
    SERVICE_NAME: nginx
    SERVICE_TAGS: noncanary
  volumes:
  - ./www/index.html:/usr/share/nginx/html/index.html:ro

nginx-canary:
  image: nginx
  container_name: nginx-canary
  environment:
    SERVICE_NAME: nginx
    SERVICE_TAGS: canary
  volumes:
  - ./www/canary.html:/usr/share/nginx/html/index.html:ro

l5d:
  image: buoyantio/linkerd:1.3.6
  container_name: l5d
  ports:
  - "14140:4140"
  - "19990:9990"
  volumes:
  - ./linkerd.yaml:/io.buoyant/linkerd.yaml:ro
  - ../canary-identifier/target/scala-2.12/canaryIdentifier-assembly-0.1.jar:/
io.buoyant/linkerd/1.3.6/plugins/canaryIdentifier-assembly-0.1.jar:ro
  command: >
    -log.level=DEBUG
    /io.buoyant/linkerd.yaml
```

现通过 Docker-compose 启动 Consul、Registrator、Nginx 及 Linkerd 服务：

```
# 切换到目录 docker
$ docker-compose up -d
```

确保所有服务正常启动：

```
$ docker-compose ps
     Name              Command            State            Ports
-----------------------------------------------------------------------------
-----------------------------------------------------------------------------
```

```
consul              docker-entrypoint.sh agent ...     Up        8300/tcp, 8301/tcp,
8301/udp, 8302/tcp, 8302/udp, 0.0.0.0:8500->8500/tcp, 8600/tcp, 8600/udp
15d                 /io.buoyant/linkerd/1.3.6/ ...     Up        0.0.0.0:14140->4140/
tcp, 0.0.0.0:19990->9990/tcp
nginx-canary        nginx -g daemon off;               Up        80/tcp
nginx-noncanary     nginx -g daemon off;               Up        80/tcp
registrator         /bin/registrator -internal ...     Up
```

打开 Linkerd 管理界面 http://127.0.0.1:19990，选择 dtab，然后输入 /svc/enabled/nginx.service.consul 后得到图 9-2 所示情形。

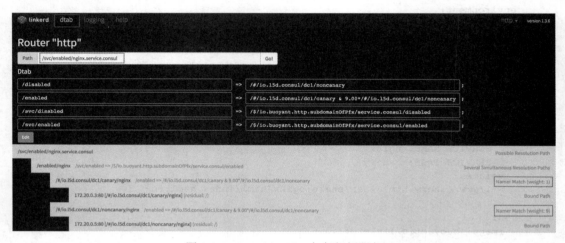

图 9-2 canary identifier 如何解析服务

输出表明当标识设置为 enabled 后，nginx 服务成功解析为与 canary 和 noncanary 标识对应的地址，请求转发到 canary 和 noncanary 版本 nginx 服务的概率分别为 10% 和 90%。

执行如下命令：

```
$ for i in {1..1000} ; do curl -s -H "Host: nginx.service.consul" -H "X-Service-Mesh-Canary: nginx=enabled" localhost:14140|args -0; done
Hey buddy, i'm normal Nginx service!!
Hey buddy, i'm normal Nginx service!!
Hey buddy, i'm normal Nginx service!!
Hey buddy, i'm normal Nginx service!!
Hey buddy, i'm normal Nginx service!!
Hey buddy, i'm normal Nginx service!!
Hey buddy, i'm normal Nginx service!!
Hey buddy, i'm normal Nginx service!!
Hey buddy, i'm normal Nginx service!!
Hey buddy, i'm normal Nginx service!!
Hey buddy, i'm normal Nginx service!!
Hey buddy, i'm normal Nginx service!!
Hey buddy, i'm canary Nginx service!!
...
```

Linkerd 大约以 10% 的概率将请求路由到标识为 canary 的 nginx 服务，在管理界面将能看到更加直观的效果，如图 9-3 所示。

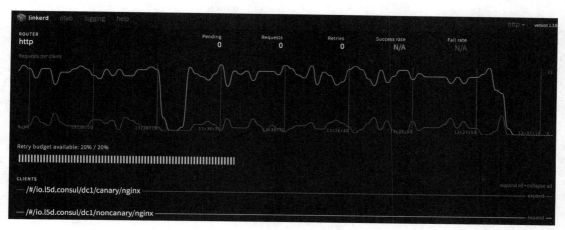

图 9-3　canary identifier 处理服务请求示意图

9.3　总结

Linkerd 作为一款扩展性非常好的开源 Service Mesh 软件，可帮使用人员方便地扩展出自己定义的插件，无论是 identifier 还是 namer 都可以扩展和自定义。在介绍如何扩展和自定义 Linkerd 插件时，我们介绍了 Linkerd 的模块开发框架，然后基于此框架的准则，详细讲解如何定义、开发、编译、部署及验证自定义 Linkerd 插件，通过这一系列步骤，帮助大家具备开发自定义的满足特定需求的 Linkerd 插件的能力。

推荐阅读